DIGITAL & PHYSICAL CODE OF
TIANFU MUSHAN DEVELOPMENT

天府牧山·数实密码

“TOD+5G”未来公园社区“物理+数字”双开发实践

数字经济研究院　中建绿色田园规划设计研究院 著

同济大学出版社
TONGJI UNIVERSITY PRESS
·上海·

编委会

编辑单位 | EDIT UNIT

数字经济研究院

中建绿色田园规划设计研究院

西南交通大学 TOD 研究中心

指导单位 | GUIDING UNIT

成都市新津区公园城市建设局

天府牧山数字新城管委会

广联达科技股份有限公司

深圳云天励飞技术股份有限公司

北京龙智造科技有限公司

旭辉集团股份有限公司

上海一造科技有限公司

支持单位 | SUPPORT UNIT

中共成都市新津区委宣传部

城市合伙人寄语

MESSAGE FROM THE CITY PARTNERS

宋海林

龙湖集团副总裁

成都新津以城市数智中台赋能、推动数字微城的双开发实践不仅关注了城市规划建设、社会治理维度，还关注了产业生态培育，是一次智慧城市建设的全新实践。希望不久的将来，龙智造能为更多未来城市发展提供全业态、全周期、数字化的“一站式解决方案”。

林祝波

旭辉集团股份有限公司
华西区域事业部总经理

作为新津城市合伙人，天府未来中心不仅是集团在新津的合作开发项目，更是集团面向未来城市开发的创新实验室。我坚信在与其他数字生态伙伴的通力合作下，我们将全场景呈现智慧商业综合体、智慧综合酒店、智慧街区、智慧社区等智慧项目。

CHINA TIANFU
MUSHAN

谢 军

广联达科技股份有限公司
数字城市 BU 规建管部副总监

广联达作为中国数字建筑平台的服务商，很荣幸有机会与新津这座创新之城共建数字城市新样板，共创策规建管运一体化新平台，推动新津物理城市和数字城市双向成长，共赢共生。

韩 力

上海一造科技有限公司 CEO

天府牧山数智微城是以“BIM+CIM”模型构建的“数字孪生城市”，为城市规划、建设、运行管理提供有力支撑，也为数字智能建造提供了更多更好的运用场景。作为数字建造的代表，一造科技坚持贯通 AI 设计与机器人智能建造，推动更多更好的数字建造项目落地呈现。

郑文先

深圳云天励飞技术股份有限公司副总裁

成都新津以牧山数字微城为试验田开展的未来公园社区双开发是中国县域数字城市建设的一次重要探索和实践，形成了可借鉴、可复制的经验和模式，为下一步构建自进化城市智能体奠定了坚实的基础。

导读 / 名词解释

GLOSSARY

本书专用名词	释义 / 说明
新　津	指成都市新津县或新津区。2018 年 10 月，成都市政府审议通过了“新津县撤县设区事宜”；2020 年 6 月，经国务院批准，四川省人民政府同意撤销新津县，设立成都市新津区。本书以“新津”统一指代。
天府牧山数字新城	天府牧山数字新城是成都唯一以“数字新城”命名的产业园区，规划面积约 84 km^2，核心区面积约 6 km^2，是成都高质量发展示范区数字经济带、绿色经济带复合节点、成眉高新技术产业协作带重要组成部分，将打造成“成渝数字经济新名片、全国数字微城新示范”。
新　津　站 “TOD+5G” 公园城市社区	依托成都地铁 10 号线新津站和成绵乐城际铁路新津站建设的 TOD 综合开发片区，面积约 6 km^2，是天府牧山数字新城的核心区，将重点建设“TOD+5G”公园城市社区，围绕“一核一轴一带（TOD 创智核、IOD 3E轴、EOD 活力带）”打造功能复合、智慧多元的未来新城，大力发展数字经济产业，积极探索“公园城市 + 未来社区”的数字微城营城模式（“公园城市社区”与“未来公园社区”含义相同，在 2022 年 2 月成都启动未来公园社区建设后，统一使用“未来公园社区”名称）。

通用名词	释义
TOD	TOD（Transit-Oriented Development），指以公共交通为导向的城市综合开发模式，主要是在城市规划中，倡导高效、混合的土地利用，以地铁、轻轨、城际列车、BRT 等公共交通站点为核心，以 400~800 m（5~10 min 步行路程）为半径，建立社区中心或城市中心，实现集工作、商业、文化、教育、居住等于一体的“混合用途”。
TOD+	“TOD+”指打破简单的“轨道 + 物业”开发模式，充分利用轨道交通建设和 TOD 发展契机，在 TOD 区域内提高基础设施与公服配套的集聚度和智能度，叠加各种生产生活要素和场景，促进人口导入和新兴产业发展，引领崭新生活方式。
DOT	DOT（Development-Oriented Transit），指以开发为导向对交通设施进行优化，将交通设施与周边物业和城市环境作为一个整体，进行整合规划、城市设计和建筑布局，以各类功能优化组合、空间高效利用、交通换乘无缝衔接、各种动线合理安排为原则，对交通设施进行功能、工艺、形态、建设时序、结建工程等方面的优化，使其能更好地支撑 TOD 发展。
未来公园社区	未来公园社区是以建设践行新发展理念的公园城市示范区为统揽，以创造幸福美好生活为导向，以全要素场景营造为关键，以数字底座智慧赋能为支撑，以共建共治共享为路径，推动公园形态与社区肌理相融、公园场景与人民生活相适、生态空间与生产生活空间相宜，打造功能布局均衡、产业特色鲜明、空间尺度宜人、人城境业和谐的新型城市功能单元。与传统社区相比，未来公园社区更加突出绿色低碳、安全韧性、智慧高效、活力创新等特点，将构建未来生态融合、健康医养、人文教育、建筑空间、绿色出行、休闲消费、创新创业、智慧应用、共建共治共享等场景（2022 年 2 月，成都启动未来公园社区建设）。
数字孪生	数字孪生是充分利用物理模型、传感器更新、运行历史等数据，集成多学科、多物理量、多尺度、多概率的仿真过程，在虚拟空间中完成映射，从而反映相对应的实体装备的全生命周期过程。
数字微城	数字微城是以人为本、以人为中心，在 15 min 步行范围内，以数字化、智能化方式满足居住、教育、医疗、工作、购物和生活休闲等一站式生活需求。数字微城是理想城市的组成单元，集中体现了新一代科学技术与智能技术的高度集成应用，是解决城市管理与发展的新模式。
“物理 + 数字”双开发	“物理 + 数字”双开发是“物理城市 + 数字城市”双开发的简称，指在物理建筑建设过程中，运用 5G、物联网等数字开发技术，构建城市社区数字底座，夯实智慧城市和数字产业基础，形成数字化城市治理与数字化产业协同共生的城市开发模式。
CIM	CIM（City Information Modeling，城市信息模型），是指以建筑信息模型（BIM）、地理信息系统（GIS）、物联网（IoT）等技术为基础，整合城市地上地下、室内室外以及历史、现状、未来多维多尺度信息模型数据和城市感知数据，构建起三维数字空间的城市信息有机综合体。
BIM	BIM（Building Information Modeling，建筑信息模型）技术是一种应用于工程设计、建造、管理的数据化工具，通过对建筑的数据化、信息化模型整合，在项目策划、运行和维护的全生命周期过程中进行共享和传递，使工程技术人员对各种建筑信息作出正确理解和高效应对，为设计团队以及包括建筑、运营单位在内的各方建设主体提供协同工作的基础，在提高生产效率、节约成本和缩短工期方面发挥重要作用。
数智化	数智化是数字化和智能化的有机融合。数字化汇聚了大量数据，形成了物理世界到虚拟世界的映射；智能化基于大量数据的智能分析，提供面向问题解决和决策支持的智慧应用服务。数智化是一项集合了信息化、数字化、智能化的巨大工程，是由数据驱动的创新和智能化模式。

目录

CONTENTS

发展历程篇

EVOLUTION OF TIANFU MUSHAN

我国 TOD 近年来在轨道交通高速发展、城市高质量发展以及基础设施投融资改革三大浪潮的复合推动下快速发展，成都无疑是中国（港澳台除外）TOD 推进力度最大的城市之一，而新津又是成都探索实践 TOD 最主动、见效最快的区县，同时也是依托 TOD 系统开展“公园城市 + 数字经济”探索创新的区县。

本篇主要简介 TOD 和智慧社区的国内外发展概况，回顾新津在成都市实施 TOD 综合开发战略部署的背景下开展 TOD 双开发探索实践的历程。

VOL.0

DIGITAL & PHYSICAL

CODE OF

TIANFU MUSHAN

DEVELOPMENT

1.1 Overview of TOD
TOD 发展概况

CHINA TIANFU MUSHAN

TOD（Transit-Oriented Development）是指以公共交通为导向的城市综合开发模式，主要是在城市规划中，倡导高效、混合的土地利用，以地铁、轻轨、城际列车、BRT①等公共交通站点为核心，以 400~800 m（5~10 min 步行路程）为半径，建立社区中心或城市中心，实现集工作、商业、文化、教育、居住等于一体的“混合用途”。从整个城市尺度而言，TOD 倡导沿轨道交通线路、围绕站点打造“串珠式”疏密有致的城市空间结构。

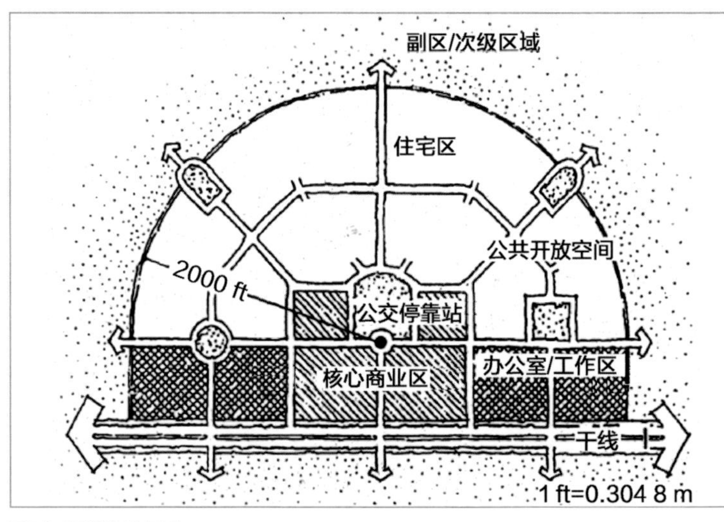

TOD 初始概念示意

① BRT：Bus Rapid Transit，快速公交系统。

1.1.1 国外发展概况

美国

TOD 概念发源于 20 世纪 90 年代初美国的“新城市主义”运动，旨在解决第二次世界大战后美国过度依赖小汽车而造成的一系列问题：大量城市人口迁移到郊区，土地利用效率降低，城市中心地区衰落，城市公共空间支离破碎；职住分离，严重的早晚高峰、单向交通拥挤；城市人口分散，居民之间缺乏交流，社区纽带断裂；能源大量消耗、环境恶化严重等。1992 年，彼得 · 卡尔索普（Peter Calthorpe）正式提出 TOD 概念；1997 年，罗伯特 · 塞维罗（Robert Cervero）提出“3D—Density，Diversity，Design（密度、多样性、设计）”的规划原则。作为 TOD 概念的诞生地，美国经过近 30 年的发展取得了不少的成绩，因其 TOD 是在小汽车已经主导出行、城市发展已趋于稳定的基础上进行的“纠偏”式发展，且除纽约外绝大多数美国城市的人口密度远低于同等规模的亚洲城市，可供中国新兴城市发展 TOD 直接参考的模式并不多。

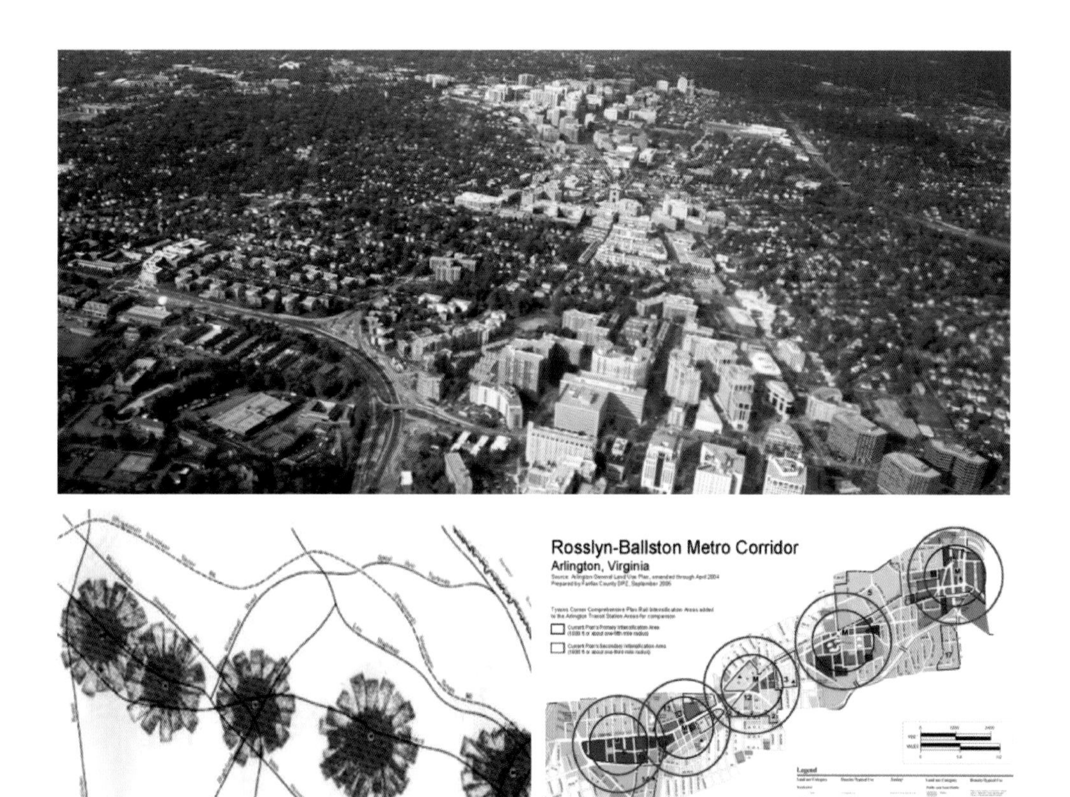

美国 TOD 案例：维吉尼亚州阿灵顿 TOD

日本 TOD 案例：东京涩谷 TOD 项目

日本

日本是全球轨道交通最发达的国家之一，仅东京 23 区就有轨道线路 42 条、运营里程 2 246 km，日均客流量 1 000 余万人次。在美国提出 TOD 概念的 70 多年前，东京就开始了站城融合实践，历经百年形成了以轨道为主体的城市交通系统和土地利用模式，东京成为无与伦比的轨道都市：东京人口密度、家庭拥车率都高居世界前列，却很少堵车，被称为“日本奇迹”。东京 80% 的居民习惯步行前往轨道场站，90% 以上的居民通过轨道和巴士出行，私家车出行率仅 6%。东京的土地利用以轨道站点为中心，开发强度向外梯度递减，形成大疏大密的城市格局，区域“极核”效应非常明显。六本木、涩谷、新宿等枢纽站点，500 m 范围内容积率为 8~15，500~800 m 范围容积率也达到 5~8。东京 23 区 60% 的人口、55% 的住房、80% 的商业及写字楼，都位于轨道站点 800 m 内。东京都市圈与成都市域面积相当，但 GDP 为成都的 5 倍多，土地利用效率之高可见一斑。东京 TOD 模式已远远超越了最初满足城市轨道交通需求的层次，不仅从根本上破解了轨道交通“资金投入大、运行效率低、企业盈利难”的问题，还显著优化了城市空间、塑造了城市形态、提升了城市能级，成为助推经济发展、引领城市格局、提升城市品质的重要力量，为世界提供了城市精明增长的经典范本。

东京 TOD 成功的奥秘可总结为因其特殊发展背景和发展历程，在技术、体制和文化层面，自然形成了有利于 TOD 生长的“生态”：技术层面，轨道一直是东京交通主干，未像美国那样受到小汽车巨大冲击（因而也不需要倡导 TOD 来进行“公共交通导向发展”的纠偏），同时轨道新线建设与东京人口和城市扩张同步，TOD 迎合了轨道和城市发展两方面的需求；体制层面，日本绝大部分土地属于私有，且轨道市场对民间开放，私营企业在买地修建轨道的同时购买开发用地，然后对全部土地进行整体规划设计、按照市场规律统筹实施；文化层面，日本有浓郁的铁路文化和强烈的珍惜土地意识，加上对私产的尊重以及工匠精神，十分有利于多方协作精心打造 TOD。在此生态中，TOD 成为市场力量驱动的各种资源整合、高效利用的自然选择。

新加坡

新加坡是国土资源有限、人口稠密的城市国家，其轨道交通系统是世界上最为发达和高效的公共交通系统之一。新加坡主动以可持续发展的交通策略和高效合理的土地利用策略开展城市规划，在 1991 年便确定了以中心区为主体的多层级星座状的城市结构，提出在新市镇周边开发商业中心、工业区和科学园区等能吸引就业人口的项目，以平衡区域内的职住人口。新加坡将轨道交通建设与新城开发结合，于市中心外建立新市镇和商业中心，疏解市中心过度密集的职住人口，成功实现了人口、产业的重新布局，提升了城市的整体运营效率。1996 年，新加坡陆路交通管理局（Land Transport Authority）发布交通发展白皮书，指出未来要打造一个“世界级的陆路交通系统”，为通勤者提供一个高效率、舒适、便利且通行无阻的交通环境；在地铁沿线进行新市镇开发，以提高轨道出行比例，支持轨道运营，同时舒缓市中心过度密集的职住人口。新加坡之所以能成为轨道交通引导城市发展的典范，绝大部分归功于新加坡兼具前瞻性和实践性的交通与土地协同规划及其切实落实。相对于美国 TOD 主要是为了“纠偏”解决城市病、日本 TOD 是得益于有着适合轨道与城市协同发展的特殊环境而言，新加坡通过强规划和强落实实现轨道交通引领城市发展的做法，更值得中国政府借鉴。

全球不同国家、不同城市 TOD 发展的背景、基础、历程和成果呈现各不相同，对 TOD 的理解和做法也各有特色，但成功的 TOD 基本上都包含两个共同点：在宏观政策层面，TOD 要求站点周边的土地开发强度及公共设施配套与公交捷运系统的服务能力相匹配，距离站点近的地区配备高强度和高混合度的开发，距离站点远的地区安排较低强度开发；在微观设计层面，TOD 强调围绕站点打造紧凑、适宜步行的混合利用社区，以站点为核心组织城市生活、构建公共空间，引导轨道站点地区成为为周边区域服务的设施配套中心和公共活动中心。

新加坡 TOD 案例：裕廊东站 TOD 项目

1.1.2 中国发展概况

我国的 TOD 探索实践始于 20 世纪 70 年代香港的“轨道 + 物业”模式，中国内地则是从 90 年代随着城市轨道交通的发展，逐渐从学习港铁模式发展为现今系统研究和全面探索实践 TOD 的局面，目前部分内地城市及项目的理论和实践水平已经超越了国外先进城市。

香港“轨道 + 物业”综合开发示意

中国香港

香港 TOD 可以概括为公交都市战略下的港铁“轨道 + 物业”模式，是在特定的政治、经济、地理和文化环境下孕育产生的。香港一直以公交都市作为城市发展战略，并在 20 世纪 70 年代开始大规模兴建地铁时推行“轨道 + 物业”模式，逐步形成了政府、轨交企业、市民和地产商共赢的局面。在新冠疫情暴发前，港铁是全球唯一能够实现持续盈利的轨道交通企业，其中新增物业开发和持有型物业的租金收入贡献了相当比例。通过采用“轨道 + 物业”模式，港铁提高了建设融资的能力，有效增加了轨道交通的客流，实现了轨道交通运营和物业开发的全面盈利。港铁 76% 的股份由特区政府持有，政府通过获得土地出让金、股票市值和股息、轨道交通运营等收益，减少了对轨道交通的财政补贴。目前，香港地铁站点 500 m 范围内覆盖了全港 45% 的人口和 75%~78% 的工作人口，市民的工作、生活集中在站点周边地区，可以享受便捷、服务好且票价合理的轨道交通设施，也能够获得更多便于居住和就业的区域选项。开发商则能经由市场化途径获得地铁上盖资源，依靠其品牌和专业度进一步提升站点周边的物业价值。香港公交出行率超过 90%，在全球城市排名中名列前茅，成为真正意义上的公交都市。

国家发展改革委“城市轨道交通投融资机制创新研讨会”

中国内地

从 20 世纪 90 年代开始，伴随着城市轨道交通大规模兴建，北京、上海、深圳等城市开始自发性地探索，主要体现在对轨道交通富余空间（例如折返线车站的站厅层）进行利用以及加强车站与相邻地块的连接。2005 年，国内出现 DOT（Development-Oriented Transit，开发导向的交通设施优化）理念，尝试打破轨道交通与开发用地红线进行一体化规划，同时进行垂直复合开发利用，内地首批场段上盖开发项目的探索在这个时期出现。总体而言，上述均为基于单项目的探索实践，在技术层面部分解决了空间复合利用的问题，但因为存在缺乏上位规划、无配套政策、推进路径不清晰等诸多顶层设计问题，大量项目难以落地或留有遗憾。

之后，在轨道交通持续高速发展、新型城镇化 / 城市高质量发展以及基础设施投融资改革三大浪潮的复合推进下，内地 TOD 逐步掀起高潮。2011 年，深圳意图借鉴香港做法，采用“轨道＋物业”PPP 模式建设和运营地铁 6 号线，率先在内地开始了针对全线建运资金平衡的 TOD 系统研究，即“T+TOD”投融资模式。2016 年 9 月 8 日，国家发展改革委召开“城市轨道交通投融资机制创新研讨会”，胡祖才副主任提出要“从全生命周期来考虑，坚持多元化筹资，用轨道交通建设带来沿线土地的增值反哺轨道交通”，之后，又提出要推动“轨道＋物业”“轨道＋社区”“轨道＋小镇”“轨道＋新城”，在国家层面肯定了“T+TOD”的探索方向。“T+TOD”模式要求打破城市既有利益格局进行多主体、跨界、全过程的整合协作才能落地，既有政策法规和体制机制无法支持，倒逼不少城市进行改革创新、出台支持 TOD 发展的配套政策，支持城市轨道交通可持续发展的 TOD 顶层设计逐步清晰。

近年来，以成都为代表的城市把 TOD 从投融资压力倒逼的被动举措上升为通过 TOD 战略实现城市高质量发展的主动作为，引领中国 TOD 进入“轨道城市”战略发展阶段。

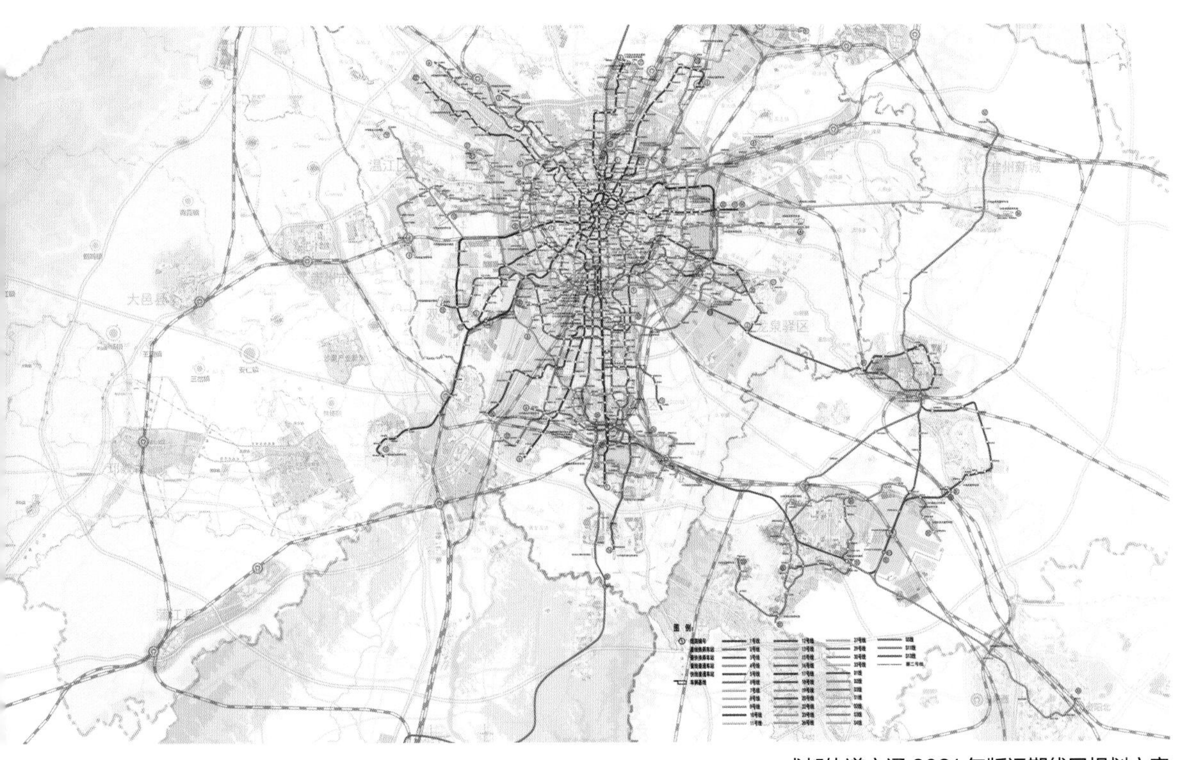

成都轨道交通 2021 年版远期线网规划方案

1.1.3 成都发展历程

成都是中国西南地区特大城市与副省级城市，总面积 14 335 km^2。根据 2016 年 1 月 15 日通过的“十三五”规划纲要，成都要在“十三五”时期“高标准全面建成小康社会，基本建成西部经济核心增长极，初步建成国际性区域中心城市”，提出建设“西部经济中心、区域创新创业中心、国家门户城市、美丽中国典范城市、现代治理先进城市、幸福城市”六大发展目标。在此之前，成都就已将“中心城区加速成网，天府新区核心成网，两核互动加强，放射骨干形成，全域基本覆盖的综合轨道交通体系”作为轨道交通建设的战略目标；2017 年 4 月，成都市第十三次党代会提出“打造绿色交通体系”的目标，要求加快建设公交都市，完善城市公共交通设施，大力推进轨道交通加速成网。成都的轨道交通建设进入高峰期，城轨建设速度与建设规模领先全国。

2017 年底的成都，管理人口已达 2 053 万，而且以每年约 50 万人口的速度增加；与此同时，“大城市病”带来的各种问题也日益凸显。发展轨道交通是建设绿色城市、解决“大城市病”的有效途径，但随着轨道交通建设运营里程不断增加，投入也越来越大。在轨道交通引领城市发展的重要历史阶段，如何平衡轨道交通的公益性和经济性、实现轨道交通的可持续发展，成为城市管理者的一大挑战。在此背景下，成都市委、市政府做出了“大力实施 TOD 综合开发”的重大战略部署。

成都夜景

CHINA TIANFU MUSHAN

虽然成都的 TOD 逻辑起点同样源于城市轨道交通可持续发展，但成都在“T+TOD”投融资模式的基础上将其与城市和市民深度链接，不懈探索、不断丰富 TOD 的内涵和外延。2018 年 2 月，习近平总书记在视察成都天府新区时首次提出“公园城市”理念，作出“要突出公园城市特点，把生态价值考虑进去，努力打造新的增长极，建设内陆开放经济高地”的重要指示。成都市委、市政府深入学习领会“公园城市”全新理念和城市发展新范式，将 TOD 理念与公园城市的六大核心价值有机融合，演绎出“产业优先、功能复合、站城一体、生活枢纽、文化地标、公园社区”的 TOD 成都理念，同时结合 TOD 综合开发实践不断完善顶层设计，探索出一条独具特色的 TOD 之路，形成了一整套成都特色的 TOD 综合开发模式。

成都始终将轨道交通建设作为引领和带动城市发展的重要支撑，轨道交通建设速度与建设规模领先全国。截至 2020 年 12 月，全市地铁共开通运营线路 12 条，线路总长约 518 km，共计 336 个车站；全市在建线路 8 条，线路总长约 178 km，共计 116 个车站。按照成都轨道线网规划，至 2035 年将建成约 1 700 km 的轨道交通网络。2017 年，成都市委、市政府作出大力实施 TOD 综合开发的重大战略部署，强调“以轨道交通引领城市发展”；2018 年 9 月，市委主要领导召开 TOD 综合开发工作专题会，提出“TOD 模式是轨道交通时代城市发展的一场思想解放运动，是城市开发理念的更新和城市运营方式的重构”，成都 TOD 进入高速发展期；2019 年 3 月，成都首个 TOD 综合开发示范项目——陆肖站项目正式开工；2020 年 5 月，成都轨道集团“官宣”首张 TOD 地图，正式曝光首批 16 个 TOD 项目。

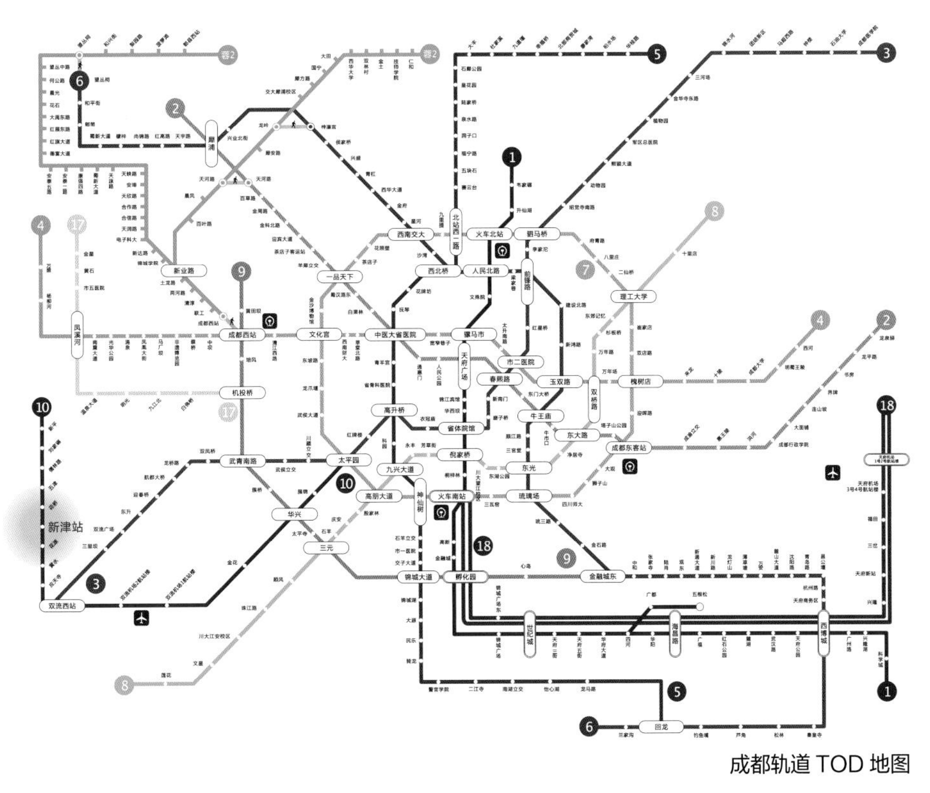

成都轨道 TOD 地图

成都首届 TOD 发展论坛及城市轨道交通 TOD 综合开发高层论坛现场

CHINA TIANFU MUSHAN

2021 年 3 月 20 日，成都市政府主办“成都首届 TOD 发展论坛”，论坛以“轨道交通引领城市发展格局　TOD 重塑城市空间形态”为主题，会上发布了《TOD 在成都——公园城市理念下成都市 TOD 实践探索》和《成都市轨道交通 TOD 综合开发战略规划》。同日下午，中国城市轨道交通协会在成都召开“城市轨道交通 TOD 综合开发高层论坛”，来自全国各地的轨道交通业主单位进行了交流研讨，成都轨道集团董事长作了题为“坚定 TOD 开发策略创新 奋力营造新时代轨道城市”的主旨演讲，介绍了成都 TOD 开发“八大策略”。

2017 年，是成都 TOD 酝酿之年；2018 年，是成都 TOD 开发元年；2019 年，是成都 TOD 起势之年；2020 年，是成都 TOD 见效之年。成都通过前瞻谋划与积极探索，在国内率先出台相关专项政策并开展规划研究，为成都 TOD 综合开发确立了顶层设计，明确了战略指引。成都按照“无策划不规划，无规划不设计，无设计不实施”的原则，高标准开展一体化城市设计，有机糅合居住生活、商务办公、休闲游憩三大生命空间，展现“人随线走”“站引人聚”的效果，匠心打造 TOD 综合开发世界典范。成都按照“先探索经验，再规范提升”的要求，加快推进 TOD 示范项目，并通过开展站点物业综合运营，在切实提升土地综合价值与城市活力的同时，为轨道交通建设提供筹措资金新渠道，为轨道交通可持续运营提供反哺保障，也为推进现代化城市治理体系的构建与促进城市高质量发展提供支撑。

2021 年 3 月 20 日的成都首届 TOD 发展论坛，标志着成都 TOD 战略从“城市轨道”跃升至“轨道城市”的高度，公园城市 TOD 理论构建基本完成，TOD 顶层设计基本稳定，政策法规体系基本完备，TOD 推进路径基本清晰。之后，成都的 TOD 工作按照 TOD 综合开发战略规划有序推进，并且通过实践检验不断总结完善，行稳致远。

1.2 Background of TOD Smart Community Development TOD 智慧社区发展背景

2008 年 11 月，美国 IBM 公司提出“智慧地球”的理念，致力于实现“智能化”“互联化”“感知化”的目标，之后相关概念又延伸到城市、社区等方面，即“智慧城市”和“智慧社区”。IBM 认为，21 世纪的智慧城市能够充分运用信息和通信技术手段感测、分析、整合城市运行核心系统的各项关键信息，从而对包括民生、环保、公共安全、城市服务、工商业活动在内的各种需求作出智能响应，为人类创造更美好的生活。我国住建部在《智慧城市　建筑及居住区　第 1 部分：智慧社区建设规范（征求意见稿）》中对“智慧社区”进行了定义，它是利用物联网、云计算、大数据、人工智能等新一代信息技术，融合社区场景下的人、事、地、物、情、组织等多种数据资源，提供面向政府、物业、居民和企业的社区管理与服务类应用，提升社区管理与服务的科学化、智能化、精细化水平，实现共建、共治、共享的管理模式。

智慧城市和智慧社区自概念诞生之日起就对轨道站点地区十分重视，将 TOD 片区作为智慧化探索实践的最佳载体；同时，近年来越来越多的 TOD 规划建设项目开始尝试利用智能技术和结合智慧城市理念的实践探索，涌现了诸多 TOD 智慧城市和 TOD 智慧社区的代表案例。

1.2.1 国外发展概况

日本柏叶新城

1. 柏叶新城发展历程

柏叶新城位于东京东北部的千叶县柏市，距东京中心 30 km，通过筑波快线从副中心秋叶原站出发，27 min 便可抵达；另外可以通过首都高速连接成田、羽田机场，交通十分便捷，能有力支撑商务和研究的发展。

柏叶新城作为东京城市圈东北部的新兴城市，其规划建设源自东京都市圈人口疏散计划，用于疏解中心城区过于稠密的人口和工作岗位。规划利用其与东京都心、成田空港的距离优势，打造为集合环境共同都市、健康长寿都市、新产业创造都市于一体的智慧城市，希望通过其建设促进城市东北部次中心的形成。柏叶新城项目规划 273 公顷，规划人口 2.6 万，住宅建设约 2 000 户，地块容积率在 2.0~4.0，先导项目包括大学、研究所、商业服务、医院及大规模公寓等。

为配合首都圈东北方向的新城开发，串联沿线卫星城，首都圈新都市铁道公司于 1989 年成立，由地方和私人股东共同组成，并将筑波快线作为大都市区大型市郊铁路项目进行规划与筹资。从 2000 年起，根据柏市的城市建设规划要求，柏叶地区开始着手面积达 273 公顷的规划改造事业，发展至今，站点核心区项目范围不断扩大、功能结构不断完善，分布有科研机构、商场、公园、公寓、别墅等。2009 年后，柏叶新城以智慧新城为主要战略目标进行开发建设。

TOD 智慧城市：柏叶新城

2. 柏叶新城战略策略

柏叶新城以“环境共生都市”“新产业创造都市”“健康长寿都市”为战略目标，在有效利用柏叶特有的多样性自然环境资源的同时，通过推进“节能、创能、蓄能”的新一代交通系统以及绿化项目的建设，提升城市对灾害的应对能力，力争实现人与环境共存的未来型环境共生都市。柏叶新城围绕上述战略目标进行城市建设与运营，孕育一体化城市未来活力，已有多个城市项目依靠科技加持实现智慧化，实现了都市建设与运营由传统城市向智慧城市的转变，并通过可持续发展设计和致力于高技术、低能耗的产业导入，实现城市的可持续发展。

（1）地区能源管理系统（AEMS）。

地区能源管理系统（Area Energy Management System, AEMS）的核心工作是对城市整体的能源利用情况进行优化。新城在创建自主经营的供电网络的同时，扩大服务范围并实现功能的扩充，力争发展成为一个作为提高居民生活及支撑城市革新的核心“智能电网”。AEMS 系统与楼宇能源管理系统（Building Energy Management System, BEMS）、家庭能源管理系统（Home Energy Management System, HEMS）一起，共同提升区域整体的能源利用效率和能源安全。

（2）建筑可持续发展设计和绿色能源利用。

柏叶新城将可持续环境设计与 AEMS 相结合，使购物大楼和办公大楼两栋大楼合计实现了约 40%的 CO_2 减排，而各单栋大楼则分别实现了约 50%的 CO_2 减排，率先成为日本绿色建筑示范。太阳能板、风力发电设备及地下水、雨水等可再生能源的充分利用，以及对可堆肥垃圾生物气体、CGS 排热等未利用能源的开发，减少了区域能源消耗所产生的 CO_2 排放。绿色建筑技术的使用和区域可再生能源的利用使得区域的可持续发展不再是空中楼阁。

（3）官民学三方共同协作创新产业。

在柏叶所在的筑波快线沿线地区，聚集了各种学术研究机关和产业孵化器，新城利用这一优势，从各种角度出发引育创新产业并为其提供帮助。新城成立了柏叶开放创新研究所 KOIL，这是一个促进各种人才和最新信息的交流、孕育崭新创意、获取创业援助专家的支持、构建国内外创业者网络、不断开拓新的事业和研究领域的开放式创新办公场所。2009 年成立了由铁路沿线的大学、研究机关、行政机关、民间组织及各领域专家组成的创业援助组织——筑波快线企业家合伙人社团（TEP），将东京大学在“超老龄化社会”“下一代交通系统”“能源创出”等方面庞大的研究能力与企业相结合，积极拓展新产业及研究领域，并通过创建社会实验结果数据库以及社会合作方式的系统化，将研究成果向全国乃至世界推广。新城也为这些机构和创业者提供了丰富的空间载体，城市设计中心（UDCK）则通过社会多领域共同参与的研究，依靠社区主动性营造“理想城镇”，设计中心注重市民文化交流，同时研究社区的宣传营销，常年举办各种设计沙龙，为社工的加入和培养创造了条件。

（4）全龄段的健康生活城市。

日本已进入史无前例的超老龄化社会，城市发展应能满足人们安心、健康生活的需求，使其退休后也能发挥余热。新城通过学术机构、丰富多彩的社区活动、健康设施以及与健康相关的服务项目服务新城居民。东京大学的医学研究机构致力于预防医学及增进健康相关研究，推动适合超老龄化社会环境的城市建设。

3. 柏叶新城经验借鉴

TOD 综合开发是柏叶新城实现城市战略目标的关键路径，主要依托筑波快线柏叶学园站点进行 TOD 规划建设，将柏叶学园站打造成“交通 + 社区”的枢纽，成为区域发展的引擎和人才与工作岗位导入的入口。随着筑波快线的直通运营，柏叶新城和首都中心商圈以及成田空港之间的联系变得更加方便、紧密，加之沿线开发逐渐完善并引入大型商业设施，空港客流和商业开发的带动将会对新城的发展起到正面作用。此外，新城的居民为轨道提供了稳定客流，周边商业也为吸引客流作出贡献，形成站点周边的综合物业开发服务反哺轨道运转模式，促成良性循环可持续发展模式的形成。圈层梯度开发理念也被运用到学园站的开发建设中：车站 500 m 范围内是主题性购物中心，包括千叶大学环境健康研究中心、科研办公、医疗健康综合医院等开发强度较高的业态；车站 500 m 范围外主要为住宅区，结合公园、中小学、医疗等生活配套设施，提供适宜的生活环境。

日本早期的郊区轨道新城大部分都有“卧城”特性，后期发展起来的柏叶新城不但更为全面地实践了 TOD 规划理念，更因为重视产业发展和与智慧城市结合而拥有了巨大发展潜力。其营城经验十分值得郊区新城型 TOD 借鉴：一是依托轨道交通承接中心城市疏解功能，以 TOD 为抓手汇聚人口、工作岗位；二是官 – 民 – 学三位一体，共同打造 TOD 智慧新城，配套创新创业孵化功能及空间载体，凝聚高端人才和产业资源；三是聚焦可持续发展的建筑技术、能源生产管理技术及产业方向，发展高技术、低能耗产业。

新加坡榜鹅数码园区

1. 榜鹅数码园区发展历程

榜鹅数码园区位于新加坡东北区域的榜鹅新城，距离滨海湾 CBD 约 15 km、樟宜国际机场 10 km；占地面积 50 公顷，建筑面积约 50 万 m^2；可提供 2.8 万个就业岗位，容纳 1.2 万名学生和超过 500 名教师及专业人员。榜鹅数码园区采用一体化总体规划方法，依托 2 个轨道站点，将商业园区、大学、社区和生态结合在一起，打造高度集成、充满活力和包容性的生活、工作、娱乐和学习空间，促进学生和行业专业人员之间思想和知识的交叉融合。

榜鹅早期是一个偏远渔村，主要发展种植业和家禽养殖业，条件落后。作为新加坡第三代新市镇，在“榜鹅 21+”开发计划的支持下，如今的榜鹅已经面目一新，它以“水”“绿”为主题，凭借滨水而立、滨水而居的优质生态环境，以及日益完善的商业、住房、社会、娱乐休闲等配套设施，摇身一变成为新加坡人口中的“榜鹅威尼斯”。其发展主要经历了以下三个阶段。

1996 年，新加坡政府正式宣布将榜鹅改造成一个全新的宜居城市，称为“榜鹅 21+”计划，其愿景是将榜鹅发展成“21 世纪的海滨小镇”。因受到 1997 年亚洲经济危机和 2003 年新加坡建筑业的影响，“榜鹅 21+”发展没有完全依照计划建设实现，项目的节奏也被迫放缓。

2007 年 8 月，新加坡政府对榜鹅新镇提出了新的愿景，重新推出了“榜鹅 21+”计划，以重振该镇。该阶段发展目标是打造集“工作、生活、休闲、学习”于一体的 21 世纪智慧生态新镇，要以“水”与“绿”的生态环境，打造优质宜居市镇，吸引年轻家庭与乐于亲近绿水蓝天的人们到这里生活与休闲。同时，政府还公布了“重塑我们的心脏地带”（Remarking Our Heartland, ROH）计划下的新计划。榜鹅被选为 ROH 计划的试点城镇之一，制定了新的战略和计划，以加强和实现榜鹅作为海滨城镇的愿景。

2018 年，随着地区配套设施的逐步完善、交通便利程度的极大提升，以及榜鹅在城市治理创新、城市智慧化方面的深入研究，尤其是智慧城市平台的开发，榜鹅的定位正式与“智慧”挂钩。新加坡政府正式宣布榜鹅北部将建设榜鹅数码园区（Punggol Digital District，PDD）。

2. 榜鹅数码园区战略策略

榜鹅数码园区作为智慧城市 3.0（智慧国 2025）的一部分，将被打造成为数字、网络安全、人工智能等行业的中心，为智慧城市 4.0（国家人工智能战略）奠定基础。榜鹅数码园区的目标定位为新加坡的“硅谷”，将集聚包括人工智能、数据分析在内的数字和网络安全产业集群，吸引国内外公司前来落户，打造新加坡北海岸创新走廊，通过融合创新技术和理念来推动新加坡的智能产业发展。随着数码园区的设立，榜鹅也从纯粹的居住区转变成引领经济发展与转型的战略地区。榜鹅的总体定位为下一代智慧综合园区，实现四大愿景：充满活力的经济和学习中心、为产业和科研创造共享空间的“企业发展区”先行区、榜鹅所有居民的社区游乐场和绿心、让每个人都能轻松出行的“弱机动化区”。为此，榜鹅数码园区具体采用了以下开发策略。

（1）瞄准优质环境与创新人群，打造低成本、高品质的创新空间。

园区采用一体化总体规划方法，将商业园区、大学和社区结合在一起，利用各个领域的未来趋势和关键资产，打造高度集成、充满活力和包容性的生活、工作、娱乐和学习空间。不仅促进数字产业和学术界之间的密切合作，也为榜鹅居民带来

榜鹅数码园区“四区融合”效果图

家门口”的工作机会和优质社会福利。

（2）引入“枢纽型”主体，塑造数字经济发展的关键原动力。

榜鹅数码园区通过引入政府机构、高校和龙头企业等“枢纽型”主体，形成数字产业发展的强劲原动力。依托新加坡政府技术局、网络安全局等政府机构搭建公共信息服务平台，依托新加坡理工大学开拓研究领域和解决科学前沿问题，依托波士顿动力、Group-IB、万向区块链等聚焦数字产业“金字塔”塔尖领域、高价值高增长型企业推动研发、中试、孵化、生产等环节。

（3）首试“企业区”政策，迎合不断变化的数字经济发展需求。

榜鹅数码园区是新加坡首个试行“企业区”用地政策的园区。“企业区”规定各类用途占园区总建筑面积的比例，而非规定单个地块的用途或容积率，允许工业、商务、教育、商业等功能在单栋建筑上纵向叠加融合，并预留 15% 的“白地”建筑面积。每个“企业区”由一个开发商掌舵，开发商可灵活管理租户组合以构建更完整和集成的创新生态系统，迎合不断变化的数字产业需求。

（4）混合用地，产学研深度融合。

为了更加深入地推动产学研合作，榜鹅数码园区不仅采用一体化规划，还允许教育用地、产业用地和商办用地深度混合互融：新加坡理工学院的实验室和教室可以放在商务园区内，商务园区的企业同样可以在校园内设立研发空间和创业孵化空间。这种空间的“交换”将促进学生、教师和行业专业人员之间的思想碰撞，最大程度地鼓励技术创新和新产品试验。榜鹅数码园区的企业可以借助新加坡理工学院在网络安全、电力工程、食品技术、设计、酒店等优势专业领域的研发能力和人才资源，为企业发展提供动力；而学校的新构思、新想法可以直接被园区的企业建模、测试和应用，从而有助于促进研究成果成功商业化。

（5）搭载“黑科技”基础设施和服务，营造全方位数字化场景。

榜鹅数码园区从基础设施建设开始就全面构建智能城市解决方案，探索集中共享的运营模式，在设施管理运营方面引入共享服务，将停车场、空调系统、垃圾槽和装卸货区设施集中在一起，构建综合建筑设施管理、地区级冷却系统、气动废物输送系统等，成为各个建筑的共享资源，提高土地使用率，降低营运成本。

（6）致力打造榜鹅成为新加坡数字经济枢纽。

相比同一开发商新加坡裕廊集团主导的另一科技园——纬壹科技城，二者从定位上各有侧重。纬壹科技城更多关注科研和生物工程，而榜鹅数码园区则重点发展数字科技与网络安全。首批进驻的跨国企业已计划在新加坡设立基地，并充分利用榜鹅数码园区的协作生态系统。首批进驻企业共有 4 家，它们在数字科技方面各有所长，包括提供智慧生活方案的台达集团新加坡子公司 Delta Electronics Int、机器人技术公司 Boston（Singapore）Dynamics、网络安全公司 Group-IB 和区块链公司万向（Wanxiang）。其中，Group-IB 和万向会在园区内设立区域总部。

3. 榜鹅数码园区经验借鉴

榜鹅数码园区采用“政府主导、市场化运作”的开发模式，由国家控股的裕廊集团主导开发，重建局、信息通信媒体发展局、新加坡理工大学等参与开发，采用政府、企业和学校等多机构共同策划的综合发展规划蓝图。其营城策略有以下几点值得借鉴：一是强载体，建设具有“创新内核”的引领性数字产业园区。结合重大项目建设，打造创新型数字产业载体。二是聚要素，激发数字经济发展动能。引导与数字经济相关的政府部门、大学及科研机构、数字经济头部企业等关键主体向园区集聚，在学术科研、产业和政府间建立三重伙伴关系，创造“产学研”协同创新效应。三是塑氛围，筑牢数字化底座，营造沉浸式创新场景。多领域释放数字技术应用，推动数字技术与生产性、生活性应用场景深度融合，通过智慧社区、智慧校园、智慧办公、智慧游憩等场景营造，打造集生产、生活、休闲于一体的智慧园区新场景。

1.2.2 中国发展概况

未来社区

2019 年 3 月 20 日，浙江省政府印发《浙江省未来社区建设试点工作方案》，致力于打造有归属感、舒适感和未来感的新型城市功能单元。该工作方案明确了未来社区建设试点的目标定位、任务要求、措施保障等，聚焦“三化九场景”，其中“三化”指的是围绕人本化、生态化、数字化三维价值坐标，“九场景”指的是构建以未来邻里、教育、健康、创业、建筑、交通、低碳、服务和治理为重点的场景。浙江省推进未来社区的重要目的之一是构建数字经济下的创新城市单元。2018 年，浙江省将数字经济列为全省的“一号工程”，作为推动经济高质量发展的动力支撑；同时，浙江省在数字经济领域涌现出大批龙头企业。发展数字经济，需要需求与载体，未来社区所设想的场景会产生大量需求，而“九场景”中“打造未来交通场景”提出将构建起一个“5、10、30 分钟出行圈”，与 TOD 天然契合。TOD 综合开发与未来社区的结合，可谓是我国 TOD 智慧社区探索实践的起点。

5G 时代

2019 年 6 月 6 日，工信部正式发放 5G 商用牌照，标志着中国正式进入 5G 时代。彼时，全球各个国家都在大力布局 5G 产业，力争引领产业发展，而我国在该领域已处于领先地位，且已经进入了第三阶段的商业测试阶段。为加快构建竞争优势，成都在 2019 年 1 月成立了 5G 产业发展领导小组，同时出台《关于印发成都市促进 5G 产业加快发展若干政策措施的通知》（成办函〔2019〕13 号），重点支持创新创业、产品研发、企业引育、集聚发展、网络配套、发展环境等内容。

新津在 2018 年开始谋划新津站 TOD 首个示范项目时，敏锐把握国家宏观政策，抓住未来社区、智慧城市发展方向，初步形成“TOD+ 智慧新城”发展思路，以期实现 TOD 城市物理空间、智慧新城数字空间、高技术低能耗的产业空间、健康可持续的生活空间的高度融合。同时，华为是全球领先的信息与通信解决方案供应商，更是 5G 时代的领军企业，致力于为新型智慧城市提供解决方案。新津与华为以及西南交通大学 TOD 研究中心因 TOD 智慧社区结缘，三方于 2019 年 8 月 8 日成立了“中国（成都）TOD+ 联合创新中心”，依托该平台通过开放能力聚合合作伙伴，推动“TOD+”智慧城市生态圈的良性发展，新津站“TOD+5G”公园城市社区示范项目在此背景下应运而生。

1.3 Digital & Physical Development Timeline of Xinjin TOD 新津TOD双开发历程

1.3.1 发展背景

城市背景

新津地处四川省中心位置、成都市西南近郊，行政区域面积 330 km^2，是成都实施“南拓”发展战略的重要承载地。在成都 TOD 开发元年的 2018 年，新津仍然是个县城，总人口 37 万。

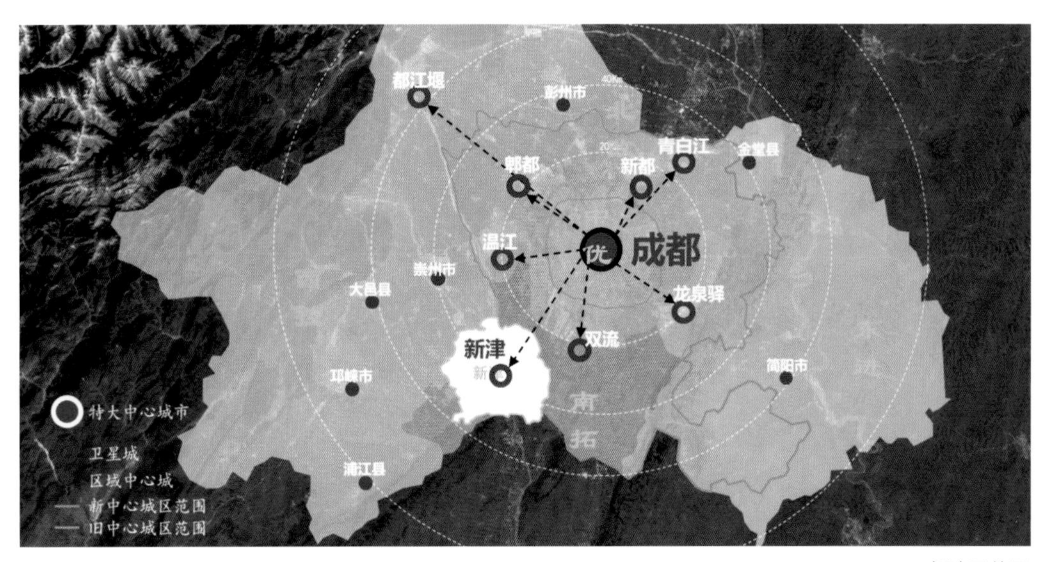

新津区位图

新津自北周定名，是成都平原古蜀文明发源地之一，被称为长江文明之源、中华文明之光的“成都平原史前文明”宝墩遗址，古今天下第一忠孝儒林的纯阳观，“老子归隐地”的老君山以及南宋时建造的观音寺等都坐落在此；新津“两山相拥、五河汇聚”，自然地理形态多样，境内有白鹤滩国家湿地公园、红石涵养湿地、国家 4A 级景区花舞人间和斑竹林公园，先后被评为四川省旅游强县、国家生态县、国家生态文明示范区；新津全域纳入成都“南拓”发展战略，是天府新区重要组成部分，作为四川省面积最小的县，它连续多年位居四川省十强县行列，被省委、省政府评为县域经济发展强县；新津距离成都市委、市政府位置 24 km，距离天府新区核心区 20 km，是天府新区西翼中心，属于成都市一刻钟经济圈，距离双流国际机场 18 km、天府国际机场 58 km，位于双机场交通要道；在成都市新一轮的城市总体规划中，新津被赋予“南部区域中心城市、高端产业创新城市、城南门户枢纽城市、现代滨江公园城市”四项重要城市职能，新津最初的战略定位为“成南副中心、滨江公园城”。

新津拥有历史文化底蕴深厚、自然生态资源丰富、产业能级均衡高质、区位交通便捷通畅、规划基础坚实有力五大优势。更为重要的是，新津充分利用区位优势，抓住了城市轨道交通发展这个千载难逢的机遇：根据成都轨道交通线网规划，新津规划有 5 条轨道交通线，分别为地铁 10 号线、31 号线、S6 线、S7 线、S8 线。其中地铁 10 号线二期工程涉及新津 7 站 1 场，建设里程 16.4 km，于 2019 年底通车。当时，新津是成都三圈层唯一与成都老城中心和天府新中心有直接轨道联系的县。

CHINA TIANFU
MUSHAN

成都地铁 10 号线二期线路及场站最终规划（2018 年版）

地铁 10 号线新津段发展历程

2013 年，新津县委、县政府抢抓《成都市城市轨道交通近期建设规划（2013—2020 年）》修编的关键契机，由县委、县政府主要领导抓总，成立工作专班，积极向市委、市政府汇报争取，加强与市级相关部门及成都市轨道交通集团沟通协调，主动介入轨道交通规划修编工作，最终促成地铁线路走向及场站设置优化，提升了建设标准和站点密度，调整了新津站位置并增设花源站，将新津境内“六站一场”调整为“七站一场”。地铁 10 号线二期于 2015 年纳入《成都市城市轨道交通建设规划修编（2016—2020 年）》，并于 2016 年 7 月获国家发展改革委批复。

2016 年 10 月，地铁 10 号线二期征地拆迁全面启动。新津建立了由县委、县政府主要领导担纲的轨道交通建设联席会议制度，成立了由县人大常委会主任任指挥长、相关县领导任副指挥长的地铁建设指挥部，为配合地铁建设提供了强有力的组织、制度和工作保障。2016 年 12 月 31 日，地铁 10 号线二期工程正式破土动工；2019 年 12 月 27 日，成都地铁 10 号线二期正式建成开通，标志着新津昂首阔步迈入地铁新时代，迎来推动城市高质量发展的又一重大历史机遇。

地铁 10 号线新津段从开工建设到开通运营，历时仅 36 个月，较规划预计时序提前一年完成建设任务，创造了成都地铁史上多个“第一”和“新津速度”。在地铁规划阶段，新津以对地铁机遇的超强敏锐主动介入、参与优化地铁线站位设置，为日后 TOD 发展提升了技术基础；在地铁建设阶段，新津以顾全大局、无私奉献的精神对成都轨道集团各方面工作给予全力支持，为后续 TOD 工作推进夯实了合作基础。

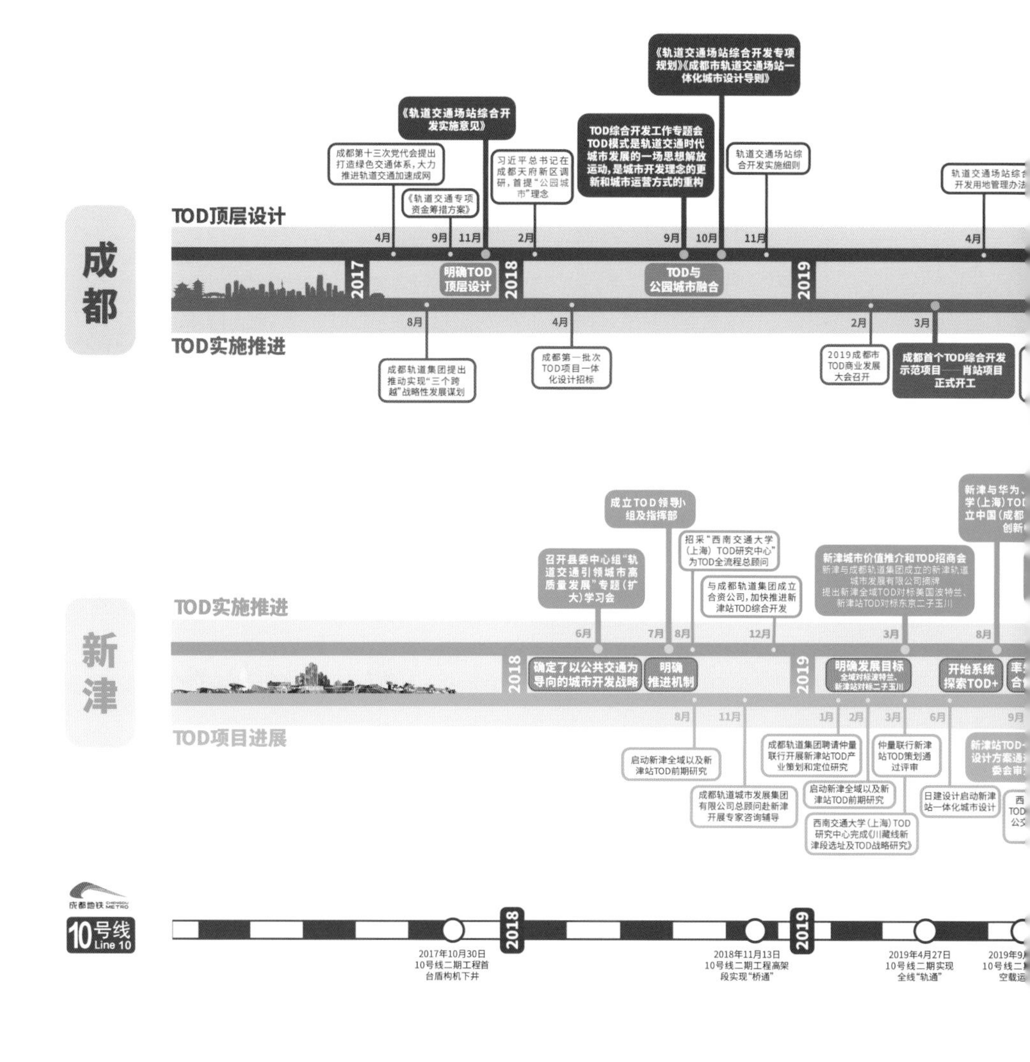

1.3.2 推进历程

2018年6月是新津城市建设的分水岭，新津认真贯彻落实市委、市政府大力实施TOD综合开发的重大战略部署，启动了公共交通导向的城市开发战略，城市建设重心由服务轨道交通建成通车转换为TOD规划建设。作为郊区首个开工建设地铁的区县，新津在格局站位、思想认识、实际行动上系统策划推进，结合公园城市战略的实施不断探索总结，从TOD到"TOD+"持续进阶迭代，逐步形成了针对TOD片区综合开发的"TOD+5G"未来公园社区"物理+数字"双开发的系统"打法"。

2018年6月，县委主要负责同志带队赴上海、深圳、杭州考察TOD项目；召开县委中心组"轨道交通引领城市高质量发展"专题（扩大）学习会，确定了以公共交通为导向的城市开发战略；7月，成立新津TOD开发领导小组及指挥部；8月，聘请西南交通大学（上海）TOD研究中心作为TOD总顾问和全流程顾问，全县开展TOD大学习、大讨论、大调研，形成汇编文稿53篇；10月，新津站被纳入全市TOD示范站点。

2019年3月，新津与成都轨道集团成立新津轨道城市发展有限公司进行TOD项目开发；6月，确定日建设计作为一体化设计单位，日建设计二子玉川主创团队赴新津开展一体化设计；8月，新津与华为、西南交通大学（上海）TOD研究中心成立"中国（成都）TOD+联合创新中心"；9月，新津站TOD一体化设计方案通过县规委会审查；12月，新津率先在成都采取多元参与、合作共赢的股权型合作模式引入社会资本，新津站TOD项目1号地块在西南联交所通过88轮竞价，由中南地产竞得66%的股权。

2020年3月，成都市委主要领导出席新津站"TOD+5G"公园城市社区示范项目开工仪式，提出要结合新津站TOD适时推动新津第四功能区建设；5月，新津提出"成南新中心、创新公园城"这一新的发展定位；6月，国务院批准同意撤销新津县，设立成都市新津区；新津站"TOD+5G"公园城市社区示范项目一期"智在云辰"开盘，成为成都最早实现销售的TOD示范项目，市场反响热烈；10月，招引上海同济城市规划设计研究院开展花源中心片区城市设计；12月，新津站"TOD+5G"公园城市社区二期示范项目地块（6、7、11、

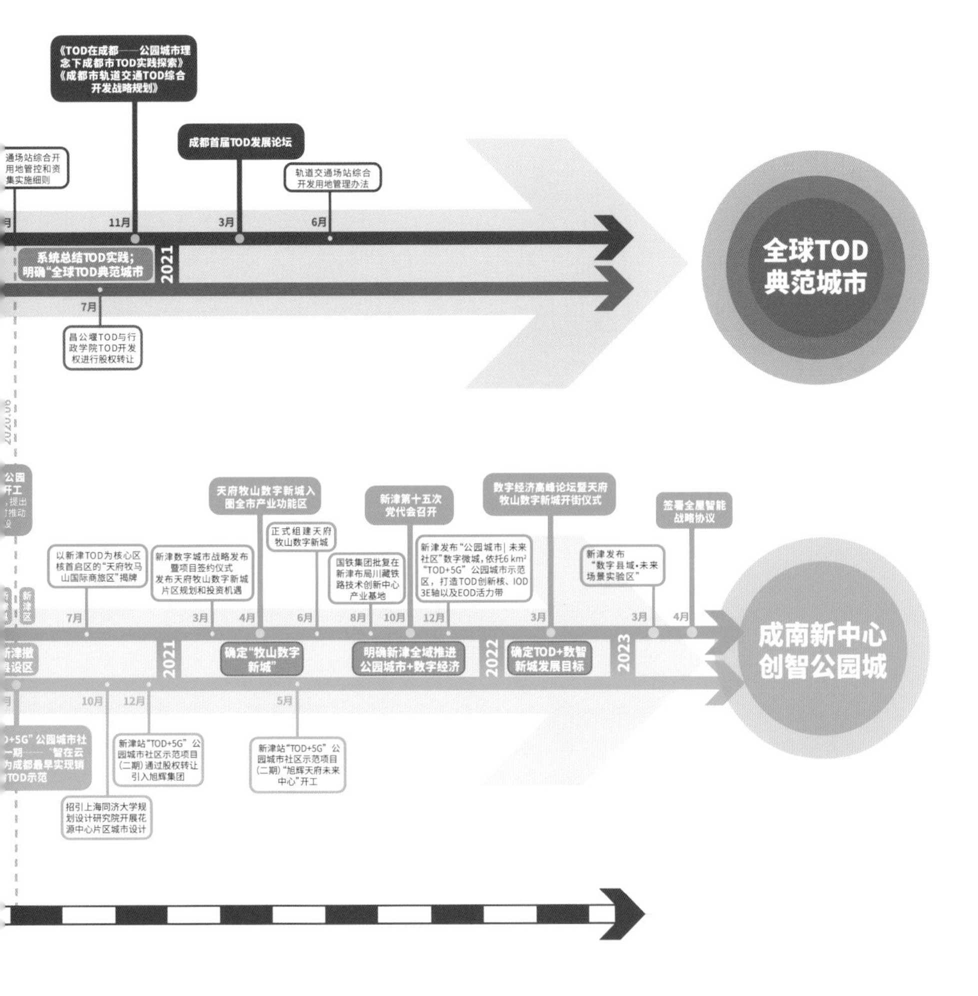

成都与新津 TOD 综合开发进程主要节点

2、20、21 号）所属公司股权在西南联交所推出，旭辉集团摘得 66% 股权。

2021 年 3 月，举行新津数字城市战略发布暨项目签约仪式；4 月，成都市产业功能区及园区建设工作领导小组第八次会议暨投资促进工作会召开，增加天府牧山数字新城为全市产业功能区，定位为数字经济赋能实体产业高质量发展示范区；5 月，新津站“TOD+5G”公园城市社区二期示范项目启动仪式召开，旭辉天府未来中心开工建设；6 月，正式组建天府牧山数字新城，天府牧山数字新城启动动员大会召开；天府牧山数字新城花源中心片区城市设计通过规委会审查；8 月，2021 成都市产业生态圈和产业功能区名录发布，天府牧山数字新城进入数字经济产业生态圈和人工智能产业生态圈；国铁集团批复在新津布局川藏铁路技术创新中心产业基地；10 月，在中国共产党成都市新津区第十五次代表大会上明确“围绕成都建设践行新发展理念的公园城市示范区，创新‘公园城市 + 数字经济’城市营建机制”“未来 5 年，新津将以地铁 10 号线为主轴，打造人口高度聚集、经济高度密集、运转智能高效的城市精明增长轴线“；12 月，新津发布“公园城市 + 未来社区”数字微城，依托 6 km^2 的“TOD+5G”公园城市示范区，打造 TOD 创新核、IOD 3E 轴以及 EOD 活力带。

2022 年 3 月，新津举办“新城市　新产业　新生活”的数字经济高峰论坛暨天府牧山数字新城创业街区开街仪式；

新津 TOD 探索实践升级示意

月，召开“智慧新津”首期CIO（首席信息官）训练营；月，新津成立“数字经济研究院”，召开天府牧山数字微城物理 + 数字”双开发实验室首期研讨会。

2023年3月，新津发布“数字县域 · 未来场景试验区”，全面开放数字县域 · 未来场景机会，开展政产学研金用协同创新。4月，新津与华为终端有限公司、北京千丁智能技术有限公司、成都途远智能科技有限公司在上海签署全屋智能战略协议。

新津的TOD探索实践始于新津站TOD，但绝不仅限于新津站这一个站点周边几个地块的开发项目。新津从一开始就针对全域范围内包括地铁、城际乃至常规公交的TOD统筹谋划，然后聚焦新津站进行创新业态、创新模式的探索实践，集中力量推进、快速见效，同时也锻炼提升了团队、扩大了城市综合运营商和新经济产业的“朋友圈”。在此基础上，新津及时总结实践经验，抓住新的发展机遇，启动了以地铁10号线为城市发展轴、面积达84 km^{2}的天府牧山数字新城的规划和项目推进，新津站TOD约6 km^{2}的片区开发亦从最初的示范项目升级为天府牧山数字新城的核心，以数字微城理念系统打造承载各种场景的“TOD+5G”未来公园社区。在策划规划天府牧山数字新城的同时，新津开始针对新津全域构建物理 + 数字”双开发的数字底座，该底座除了天府牧山数字新城外，还将服务天府农业博览园、天府智能制造产业园和梨花溪文化旅游区（即“一城两园一区”），为新津整个辖区按照公园城市示范区和智慧蓉城的最新要求进行发展，夯实了基础、再次抢占了先机。

经过四年多的探索实践和不断总结，新津已经形成了一整套区县级城市围绕TOD开展“公园城市 + 数字经济”的城市战略和实施策略，建立起较为系统的推进机制和工作流程，梳理出TOD项目全生命周期中策划、规划、建设、监管、运维等关键环节的工作指引。目前，作为成都片区级TOD示范项目之一的新津站“TOD+5G”公园城市社区示范项目落地成效显著，天府牧山数字新城核心区的数字微城工作已全面铺开，整个片区的产业引育生态已初步呈现；新津全域的“公园城市 + 数字经济”工作在系统推进，“一城两园一区”中的公交TOD、川藏线新津南站产城融合TOD、五津站“TOD+城市更新”等各项工作有序开展。眼下，在“TOD+5G”公园城市社区“物理 + 数字”双开发成功探索实践的基础上，新津围绕着“塑造新城市、发展新产业、创造新生活”加快推进“物理 + 数字”城市建设，实施产业建圈强链行动。“以数智，致未来”，新津正朝着成都建设践行新发展理念的公园城市示范区快速迈进。

DIGITAL & PHYSICAL

CODE OF

TIANFU MUSHAN

DEVELOPMENT

战略策略篇

STRATEGY 2

在贯彻执行成都 TOD 城市战略的过程中，新津主动拥抱地铁时代，从思想认识提升、战略格局构建、实施策略拟定等方面，进行了全方位的探索实践，形成一套符合郊区区县特点的 TOD“公园城市 + 数字经济”综合开发营城策略。

本篇主要简介成都 TOD 城市战略，分析其在区县层面落实的难点，介绍新津如何根据自身情况拟定区级政府开展 TOD 的工作方针，以及如何将公园城市发展与 TOD 综合开发结合、将物理开发与数字开发融合，最终形成一套完整的公园城市 TOD 营城策略以及“TOD+5G”未来公园社区“物理 + 数字”双开发模式。

天府立交桥夜景

2.1 Chengdu TOD Urban Strategy 成都 TOD 城市战略

2.1.1 理论构建

轨道城市

2016 年，成都中心城区（11 个市辖区 + 天府、高新 2 个经济功能区）城镇常住人口达 870 万，传统五城区人口密度已达 1.6 万人 /km^2，超出东京和纽约中心城区（约 1.3 万人 /km^2）。随着人口持续向中心城市聚集，根据测算，2035 年全市常住人口将达 2 300 万，人口承载压力将更加突出。成都的城市道路空间承载力同样逼近上限，基于当时条件，预计到 2020 年，成都老城区最多只能承载 140 万当量的小汽车，只能容纳约 400 万人次 / 日的私家车出行，私家车分担率最多只能占 15%，剩余 85% 的出行需求必须依靠“轨道 + 公交 + 慢行”绿色出行体系解决。通过立体综合交通规划，科学分析经济人口总量对空间承载力的需求，借鉴世界先进城市打造“轨道 + 公交 + 慢行”绿色出行体系的经验，成都提出中心城区绿色交通出行结构：轨道交通占 40%、常规公交占 10%、慢行系统占 35%、机动车占剩余的 15%。该量化模型被纳入城市总规以及成都远期轨道交通线网规划，明确到 2035 年，成都远期规划城市轨道交通线路 29 条、里程 1 389 km。城市轨道交通在中心城区公共交通中主体地位的奠定，标志着小汽车营城时代的结束，宣告了以轨道为主要方式的绿色交通营城时代的到来，即轨道城市的到来。

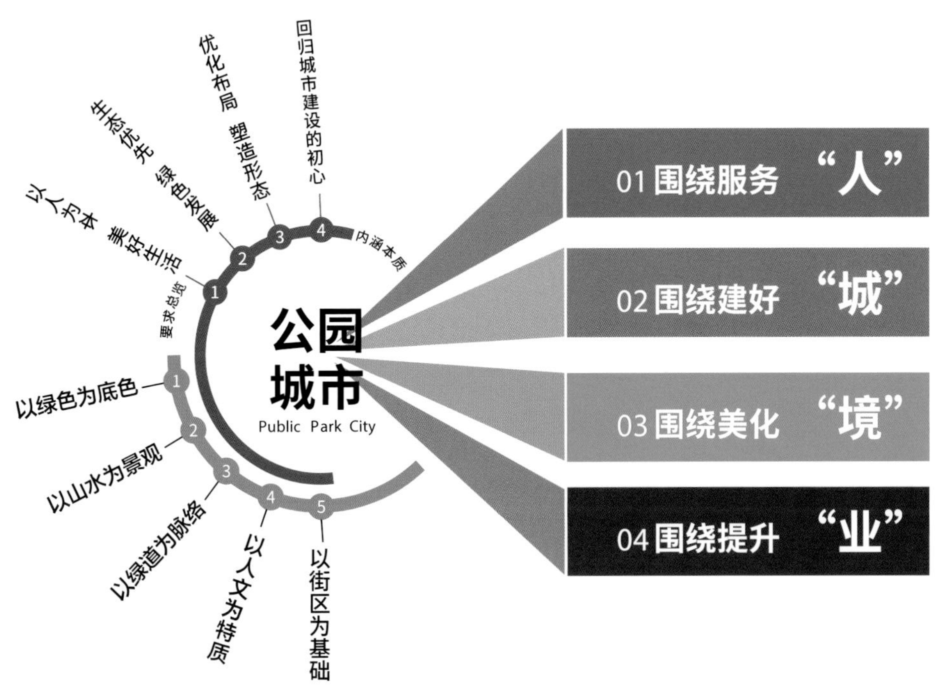

成都建设公园城市的维度与路径

公园城市

成都按照习近平总书记指示开展公园城市理论研究和顶层设计，提出公园城市理论内涵的本质可以概括为“一公三生”，即公共底板上的生态、生活和生产，奉“公”服务人民、联“园”涵养生态、塑“城”美化生活、兴“市”推动转型。提炼出公园城市六大核心价值——美好生活的社会价值、简约健康的生活价值、绿色低碳的经济价值、绿水青山的生态价值、诗意栖居的美学价值以及文化人的人文价值。形成了围绕“人、城、境、业”四大维度的公园城市规划策略，明确了公园城市理念下的营城模式转变：一是从“产、城、人”到“人、城、产”，从工业逻辑回归人本逻辑、从生产导向转向生活导向，在高质量发展中创造高品质生活；二是从“城市中建公园”到“公园中建城市”，让城市建设符合公园化的环境要求，将公园形态和城市空间有机融合；三是从“空间建造”到“场景营造”，围绕人的需求，从使用者角度积极建设多样场所、策划多种活动，通过设施嵌入、功能融入、场景带入，全面营建城市场景。

交子公园夜景

公园城市 TOD

根据《成都市城市总体规划（2016—2035 年）》，成都市发展总体目标是“建成全面体现新发展理念的国家中心城市，为迈向现代化新天府、可持续发展的世界城市奠定坚实基础”。2017 年成都市委、市政府明确提出了“东进、南拓、西控、北改、中优”十字方针，城市布局模式从圈层拓展向多极网络模式推进，覆盖 13 个区县范围。TOD 通过轨道交通与城市土地利用的协同发展，推动人口、工作岗位、社会资源、产业的空间布局优化，为“多中心、网络化”的城市空间结构提供骨架支撑，其营城模式与公园城市理念高度耦合：从宏观看，TOD 依托轨道线网这一城市的重要生长轴，有效带动周边地块高强度开发、人口高密度聚集、市政设施高品质配套，形成商业中心—居住中心—生产中心圈层分布的建筑群落和城市组团，构建形成生产、生活、生态相宜的空间体系，从根本上实现人、城、境、业的高度和谐统一，有利于成都塑造形成底线约束、弹性适应、紧凑集约的内部空间结构和多样性共生、开放式协同的区域空间布局，全面增强人口经济承载力，有效促进轨道交通外部效益内部化，从而达到城市自然有序生长和城轨企业永续发展的双赢。从微观看，TOD 模式不以单一建筑为考量，其注重空间结构整体协调，致力于实现地上、地下、空中串联层叠、立体连通，公共空间步行友好，城市形态错落有致，“吃住行游购娱文商会”功能耦合、业态混合，特别是通过“泛在、多元、普惠”的消费场景营造，可推动实现全民参与、全龄友好、复合共享，有利于成都重塑商业布局和公共服务体系，建立 15 min 社区生活服务圈标准体系，努力让每个市民都能享有现代化高品质的生活服务。TOD 以其鲜明的时代价值和独有优势，完全契合成都公园城市“奉公服务人民、联园涵养生态、塑城美化生活、兴市推动转型”的科学内涵，始终顺应轨道城市建设路径。成都市委、市政府因此把 TOD 开发作为城市开发理念更新、城市运营方式重构和城市永续发展的引擎，始终予以坚定支持。实施 TOD 开发，成为成都建设轨道城市的最优路径与必然选择。

将成都建设成为全球 TOD 典范城市

TOD 六个发展子目标

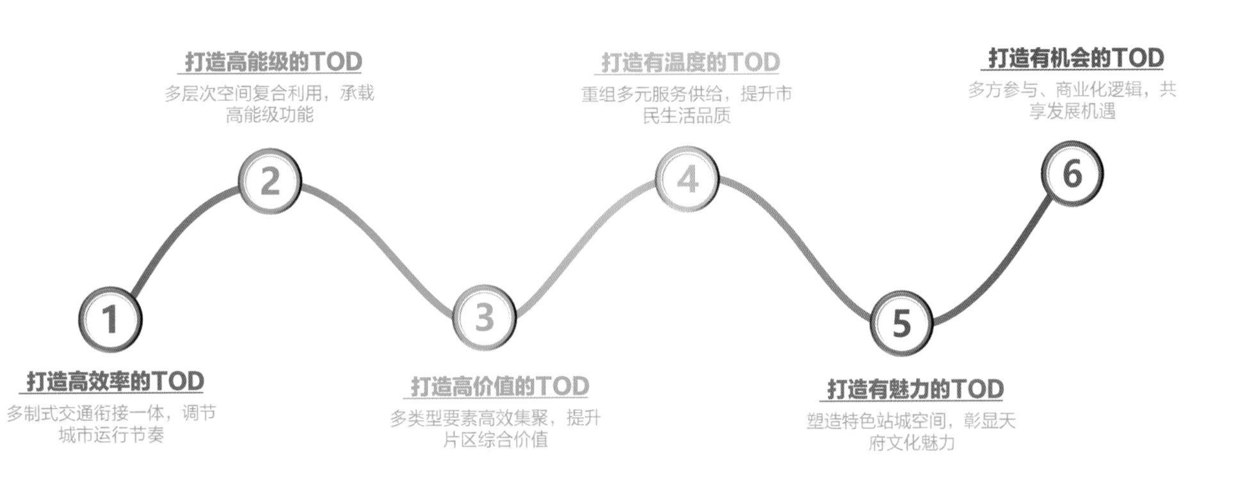

2.1.2 发展目标

轨道因城市而兴，城市因轨道而盛。成都“跳出轨道看轨道”，在深入剖析城市演进的机制中拓展轨道机遇，在主动服务城市发展战略的成效中彰显发展成色，通过高质量营建轨道上的城市，实现“城市轨道”向“轨道城市”的能级跃升，让轨道交通与公园城市发展互促互进、共荣共兴。2021 年 3 月 20 日，成都首届 TOD 发展论坛上发布的《成都市轨道交通 TOD 综合开发战略规划》中提出了成都 TOD 综合开发的总体目标：按照“站城一体、产业优先、功能复合、综合运营”的理念，围绕轨道站点打造“商业中心、生活中心、产业中心、文化地标”，将成都建设成为全球 TOD 典范城市。并具体明确了六个子目标：一、打造高效率的 TOD——多制式交通衔接一体，调节城市运行节奏；二、打造高能级的 TOD——多层次空间复合利用，承载高能级功能；三、打造高价值的 TOD——多类型要素高效集聚，提升片区综合价值；四、打造有温度的 TOD——重组多元服务供给，提升市民生活品质；五、打造有魅力的 TOD——塑造特色站城空间，彰显天府文化魅力；六、打造有机会的 TOD——多方参与、商业化逻辑，共享发展机遇。

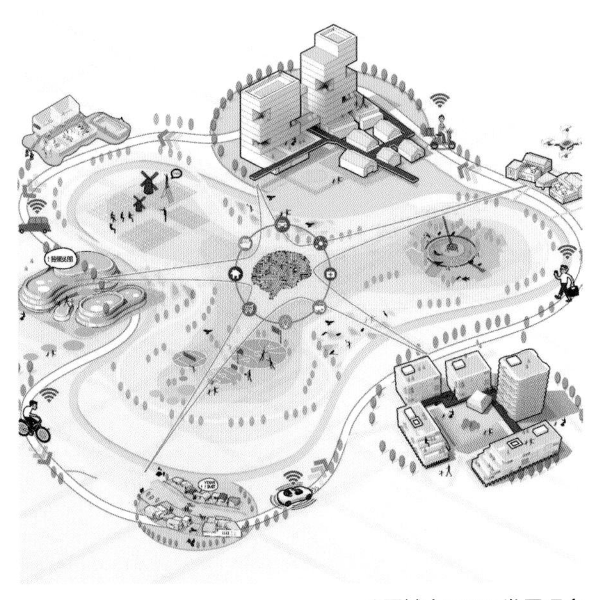

公园城市 TOD 发展理念

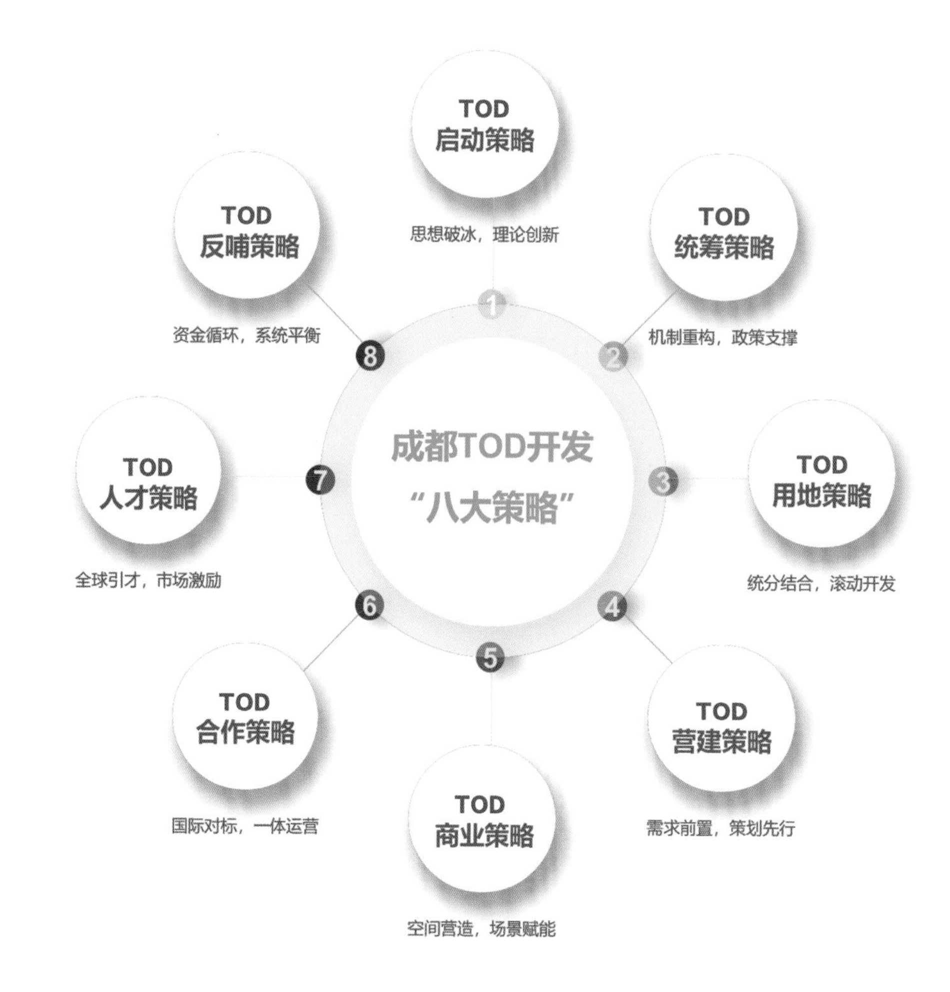

九驾车 TOD 一体化设计效果图

2.1.3 顶层设计

2021 年 3 月 20 日，成都轨道集团董事长在中国城市轨道交通协会召开的“城市轨道交通 TOD 综合开发高层论坛”上，系统介绍了成都 TOD 开发“八大策略”：一、TOD 启动策略——思想破冰，理论创新；二、TOD 统筹策略——机制重构，政策支撑；三、TOD 用地策略——统分结合，滚动开发；四、TOD 营建策略——需求前置，策划先行；五、TOD 商业策略——空间营造，场景赋能；六、TOD 合作策略——国际对标，一体运营；七、TOD 人才策略——全球引才，市场激励；八、TOD 反哺策略——资金循环，系统平衡。

相比其他兄弟城市，成都的 TOD 工作起步不算早。近年来成都 TOD 能以全球瞩目的速度推进，思想认识提升与顶层设计先行是最核心因素。为有效推动各方参与支持轨道城市建设，成都全面重构 TOD 开发工作体系，积极推动构建形成了政府主导、企业主体、商业化逻辑的投建运维工作机制。市政府将原有成都市城市轨道交通建设指挥部和轨道交通综合开发工作领导小组职能职责进行整合，成立成都市轨道交通建设和 TOD 综合开发领导小组，由市政府主要领导任组长，在市委、市政府领导下，全面统筹推进轨道交通建设和 TOD 综合开发各项工作，主导制定规划类、开发类、运营类、保障类等近 20 项配套政策（规章制度），形成了开放创新的政策体系；同时，遵照“统分结合、共建共享、分级负责”原则，建立健全多元参与机制，由成都轨道集团逐一对接各相关区县政府，探索建立 TOD 综合开发合作机制，明确合作原则、主体，全面签订战略合作框架协议，推进地企合作。此外，成都十分重视强化 TOD 开发市级统筹，除政策制定、产业统筹、资源整合等重大事项外，还对相关市级部门、区（市）县和市轨道集团推进 TOD 综合开发有关工作进行强力督查和考核（例如，市委、市政府督查室将 TOD 土地供应完成情况纳入年度目标考核督办），确保 TOD 工作按计划执行。

2.1.4 推进难点

虽然成都市委、市政府对 TOD 高度重视、强力推进，并且顶层设计先行出台配套政策，但毕竟成都 TOD 综合开发起步晚、底子薄，既要“探路子”又要“出成果”，早期工作开展不可避免会遇到诸多困难和挑战，其中与区县密切相关的主要有以下几方面：

一是 TOD 新政对传统市、区二级土地财政冲击大。成都实现宏伟的 TOD 城市战略所依托的基础是庞大轨道交通网的适度超前建设和可持续运营，根据静态测算，成都要完成城市轨道交通 2035 规划线网规模的建设和至 2060 年的运营，资金缺口在万亿元以上。《成都市人民政府关于印发成都市轨道交通专项资金筹措方案的通知》（成府函〔2017〕153 号）提出“政府引导、市区共担、企业筹资”原则，明确了资本金和还本付息的市、区投资分担比例，并要求通过增加财政年度专项资金投入、上调城市基础设施配套费标准、提高经营性用地出让收入统筹比例等措施拓宽资金来源，区县财政负担远超以往。《成都市人民政府办公厅关于印发成都市轨道交通场站综合开发实施细则的通知》（成办函〔2018〕192 号），明确了 105 个轨道站点及 75 个车辆基地的轨道交通场站综合开发由市政府统筹安排。对于这 180 个市级统筹的 TOD 综合开发，《成都市人民政府关于轨道交通场站综合开发的实施意见（成府函〔2017〕183 号）》明确：车站按照一般站点半径 500 m、换乘站点半径 800 m，场段按包括车辆基地本体工程用地以及周边不低于本体工程用地规模 2 倍的开发用地确定综合开发用地范围；轨道交通场站综合开发用地应将轨道交通工程及相关规划条件、建设要求纳入出让方案，采用“招拍挂”方式供地；土地出让起始价可按不考虑轨道交通因素的宗地评估价的 70%（含持证准用价款）确定。相比实施 TOD 城市战略前的市、区二级土地财政格局，TOD 新政对区（县）财政的冲击巨大。

二是思想认识的统一性不够，难以形成真正利益共同体。成都市委政研室曾会同相关部门对全市 TOD 综合开发情况进行过实地调研，发现受思维定势、工作惯性和认知局限影响，部分实操者对 TOD 综合开发的重大意义、综合效益认识还有差距，导致相关工作推进缓慢。主要存在三种思想认识上的

三岔站 TOD 建设效果图

误区：一是认为“TOD 综合开发理念 = 地铁上盖物业”。对 TOD 优化城市空间、塑造城市形态、提升城市能级认识还不够，包装策划、创意设计停留在空间打造和功能构建上，与通过场站综合开发链接商业流量、叠加公共空间、创造人本生活还存在差距。二是认为“TOD 综合开发效益 = 土地增值收益”。把 TOD 综合开发效益局限于土地增值，对站城一体化发展推动交通圈、生活圈、商业圈高效耦合研究不够，对税收收益、合作开发收益挖掘不足，兼顾短期利益与长远发展、公益属性与商业价值的合作开发路径机制尚未形成。三是认为“TOD 综合开发项目 = 单体项目建设”。侧重项目规划范围内功能打造、地标锻造、环境营造，对周边区域功能配套、产业植入、场景营造等衔接力度不够，“以站论站”“内外有别”的问题依然存在，尚未真正实现从“轨道建设运营方”向“城市综合运营商”的角色转变。市轨道集团作为市政府授命的 TOD 推进主体，较为注重 TOD 项目推进速度、尽快兑现 TOD 价值反哺轨道建运，而区县政府相对更为关注 TOD 片区的当期带动和长期发展，二者出发点不同，目标认知差异常常导致双方对具体 TOD 项目策划规划方案各执己见。

三是推动落实的协调性不够，推进路径有待摸索总结。成都 TOD 顶层设计先行、核心政策支持力度大，但因成都 TOD 综合开发的实操经验积累不多，遇到具体问题时推动落实的协调性不够，推进路径需通过总结实践情况逐步清晰完善。例如，按照统分结合、共建共享、分级负责的原则，全市 714 个 TOD 综合开发站点中，105 个轨道站点和 75 个车辆基地由成都轨道集团作为实施主体，609 个轨道站点由各区（市）县组织实施。从实际运行的情况来看，主要有“三难”：“第一难”是规划对接难，现行的轨道交通规划滞后于城市总体规划，项目地块与一般地块缺乏明显的区分，调规涉及多个专项规划且须报请两级规划部门审批，一定程度上影响了项目进度；“第二难”是资源统筹难，部分项目主体边界、技术边界、利益边界和政策边界尚未完全厘清，项目策划、一体化城市设计、成本分担、利益分享协调难度较大，资源有效聚集、公共要素共享、产业协作共进的制度安排还未全面形成，投建运管一体化联动较难；“第三难”是招商协同难，尽管单个项

天府站效果图

目都有相应的业态策划、形态设计，但缺乏差异协同的招商引资工作统筹机制，相互之间容易形成同质化竞争。

四是政策配套的支撑性不够，需结合实践补充与完善。成都市政府针对 TOD 综合开发先后制定了《轨道交通场站综合开发的实施意见》《成都市轨道交通场站综合开发用地管理办法（试行）》《轨道交通场站综合开发实施细则》等系列政策措施，从用地、资金、规划等方面对 TOD 综合开发提供了有力支撑。随着工作的不断深入，具体工作中也遇到了一些政策未覆盖，或是存在瓶颈与制度约束之处。例如，早期出台的政策主要聚焦在政府端如何提升规划、如何支持市轨道集团获取开发权，对于市场主体如何参与 TOD 项目缺乏具体规定，造成早期的 TOD 示范项目多数均由轨道集团主导开发。这种由国有资本充当 TOD 开发主体的单一开发模式容易造成政府投入压力过大、项目特色不足、同质化发展倾向明显等问题，不利于实现 TOD 项目的最佳综合效益。又比如，不同类型 TOD 项目的商住比拟定原则、项目“二次供地”、资产招商招租、上盖技术规定和消防安全管理等配套政策出台滞后，影响项目整体推进。

五是同一时期推出 TOD 项目开发量大，公服配套建设与产品市场去化压力大。成都 TOD 工作全面开花、快速推进，仅 2019 年就开工 14 个示范项目，并且有更多的项目正在进行规划设计。虽然近几年成都城市发展速度快，相对其他城市，人口一直保持较高水平的净流入，但客观上政府财力、市 / 区县和轨道集团的 TOD 团队力量与经验均有限，尤其是公服配套建设速度与开发产品的市场去化能力，短期内难以匹配如此巨大的供应量。即便 TOD 项目能顺利建成、售出，但离真正实现人口和产业导入、持有型物业良性运营还任重道远。

2.2 Establishment of Xinjin TOD Strategy 新津 TOD 战略构建

从成都市委、市政府提出 TOD 城市战略起，新津就把 TOD 作为引领新津高质量发展的千载难逢之机遇，主动拥抱地铁时代，积极探索勇于创新，摸索出适合郊区区县的一整套 TOD 战略和推进策略；同时，结合公园城市、全域旅游、城市更新、数字新城等一系列城市发展实践，新津持续为 TOD 注入新的内涵、拓展 TOD 的应用范围，逐渐形成按照“成南新中心、创新公园城”战略定位打造“超级绿叶”公园城市的最核心营城策略，并且结合“公园城市 + 数字经济”的探索实践不断进阶迭代。

2.2.1 构建背景

新津城市发展情况

2018 年，新津在成都总体规划中的定位为“成南副中心，滨江花园城”，根据当时的新津 2035 年规划，新津县全域建设用地控制在 115 km^2，常住人口规模控制在 85 万，城市发展方兴未艾。在此之前，有着千年建县历史的新津虽然发展成绩有目共睹，但以现代大都市城区标准衡量，仍然存在不足：

一是城市格局不凝聚。新津五河汇聚，近三十年发展一直围绕山水资源优势来确定总体发展目标，形成了三大城市片区。但在城市发展格局上，重心不断调整，未能形成一以贯之的发展模式。新城和老城不能相互借力，因多点开花、发力分散，导致城市发展始终未能向心聚力，城市人口增长缓慢，商业配套、城市综合体等商圈未形成，城市功能与品质较低。

二是城市建设不精致。新津城区除南河外，其他沿河区域都处于“有河无景”的状态，城市整体品质不高，缺少城市天际线的变化以及城市色彩，亟须将城市建设得更厚重、更精致。

三是城市配套不完善。新津老城区基础性公服设施门类齐全，能够基本满足现阶段需求，但能级不足、中心不明，缺少城市广场与公园，大型文化、体育、休闲等公共服务配套场所，难以完全满足市民健身、文化方面的需求。公建配套没有区块化设置，设施配套的完整性有待提升。

四是城市缺乏核心文化。城市文化是城市的灵魂，文化让城市居住者拥有共同的精神追求、价值观和认同感。新津建县 1400 多年，历史悠久，人文荟萃，有着丰富的历史遗存、源远流长的码头文明、独特的宗教文化、忠孝文化，以及灿烂的民俗风情。但一直以来，新津城市开发建设与文化的融合不够，对于文化资源的挖掘不足，城市个性的展现不突出，时代精神的赋予不充分。

2017 年成都提出 TOD 战略，地铁 10 号线二期当时如火如荼地建设、将于 2019 年底建成投运。面临地铁时代的到来，新津审时度势，确立了实施 TOD 战略，更新城市规划建设理念，重构城市运营方式，推动城市精明增长。2018 年，成都市委、市政府按照习近平总书记提出的公园城市理念进行相应部署后，新津即刻将 TOD 与公园城市工作统筹谋划推进，形成两线发展相互赋能、相互促进、形神合一的发展路径。

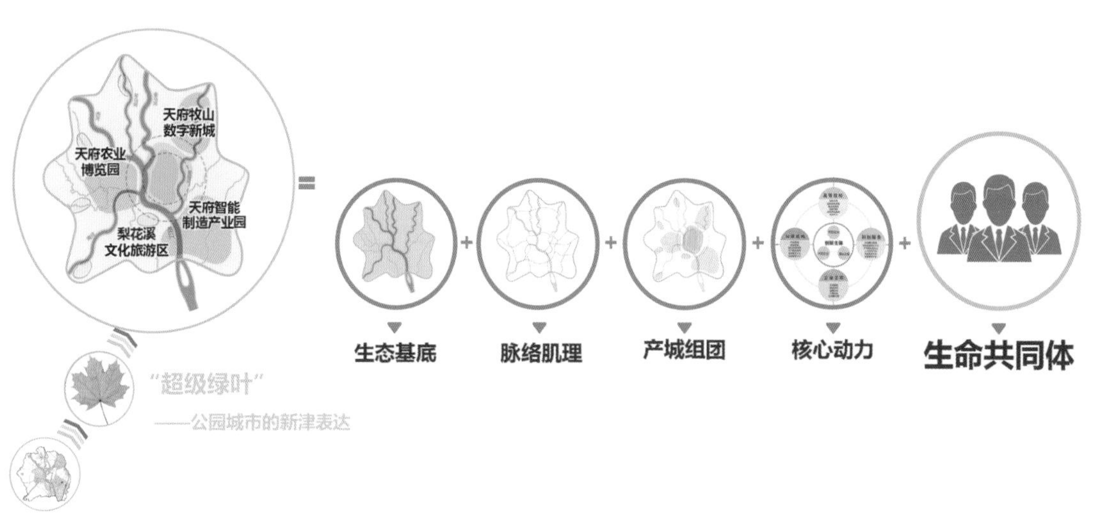

“超级绿叶”——公园城市的新津表达（生命共同体）

新津公园城市发展定位

新津起初围绕“成南副中心，滨江公园城”定位进行公园城市理念和形态研究，于 2018 年 8 月确定了“超级绿叶”的公园城市总体架构和逻辑内涵：新津地图轮廓如同成都南部的一片绿叶，“五津交汇”的水系自然形态构成能够连通江河岸线、串联起湿地资源和城市滨水空间的叶脉。良好的山水湿地是绿色生态基底，天府绿道网络体系仿佛是叶脉肌理，“一城两园一区”是种在绿叶里的产城组团，高质量现代化产业体系为“绿叶”生长提供生命动力。按照“超级绿叶”的城市框架，新津围绕“人、城、境、业”四大维度，塑造以绿色为底色、以山水为景观、以绿道为脉络、以人文为特质、以街区为基础的人城境业和谐统一的新型城市形态，营造出“城市建在公园里，城市无处不公园”的全息城市场景。

2020 年 5 月，以新津站“TOD+5G”公园城市社区示范项目成功落地为契机，新津提出“成南新中心、创新公园城”这一新的发展定位，其背景是新津在过去两年中又迎来了千载难逢的新机遇——成渝地区双城经济圈、成德眉资同城化，使新津进入更为重要的战略区位；成都建设践行新发展理念的公园城市示范区、成南四区（县）共建高质量发展示范区，使新津迈向更为前沿的发展梯队；国家数字经济创新发展试验区、国家新一代人工智能创新发展试验区，使新津获得更多先进要素的加持赋能。通过“成南新中心、创新公园城”的新发展定位，新津旨在面向未来机遇蓝海，擘画公园城市全面迭代升级的突破方向，围绕 TOD 节点打造最适合工作生活的创新社区，塑造最适合场景创新的城市底座，营造最适合企业成长的产业生态，建设最彰显生态价值的公园城市。新津提出：建设“成南新中心、创新公园城”，就是要通过实现城市精明增长的范式创新，加快迈向城市演进的高级形态。生态营城，推动“生态、生产、生活”三生互动融合；轨道营城，推动“通勤、商业、居住”三圈相互支撑；场景营城，推动“内涵、品质、颜值”三维复合叠加。

2.2.2 战略思考

融入城市利益共同体

作为成都郊区首个开工建设地铁的区县，新津敏锐意识到轨道城市蕴含的价值叠加效应，紧紧抓住地铁建设最佳机遇期，迅速部署 TOD 工作开展。工作推进首先从提升格局站位、统一思想认识入手：

一是站位高远、着眼长远，胸怀全市发展大局。新津始终将 TOD 综合开发摆在成都提升城市未来竞争能级的大格局下考虑，站在全市共同事业的高度，坚持市、县两级“一盘棋”，不计较局部利益得失，看重整体价值提升，坚决执行市政府相关政策文件，积极对上争取、主动匹配资源，将 TOD 综合开发作为引领县域空间重塑、优化产业经济地理、塑造公园城市品质的重要力量和共建高质量发展示范区的重要路径。

二是更新认识、统一思想，重塑城市发展理念。新津树立了 TOD 能够提高城市品质、集约城市资源、提升城市效率、造就经济繁荣的正确判断，组织考察 TOD 先进地区，以县委中心组学习会的形式举办 TOD 讲座，在“大学习大讨论大调研”活动中开展“迎接地铁时代”专题调研和以“TOD 引领城市发展”为主题的学习讨论，形成汇编文稿 53 篇，推动全县上下“跳起摸高”，突破县级功能、县域经济、县城形态的发展阶段束缚，以 TOD 的理念重塑城市发展工作的底层逻辑和基本遵循。

三是抓住机遇、快速部署，争取 TOD 发展先机。新津明确了 TOD 在新津城市发展中的战略地位，提出运用 TOD 的思维方式去谋划地铁 10 号线在建场站的综合开发，快速开展 TOD 示范项目策划规划、研究合作开发模式顶层设计，顺成都全市 TOD 浪潮之势快速争先，以 TOD 模式广泛吸引优质市场主体参与城市建设，按照“一年做规划、两年有改善、三年有形象、四年有模式”之部署，快速促进新津重点片区开发、有效带动城市转型升级、高效提升新津城市价值。

清晰认识自身情况

新津从 2018 年 6 月开始系统谋划推进 TOD，首先对当寸自身发展 TOD 的基础条件进行研判，开展了 SWOT 分析企业战略分析）：

一是区位、产业与规划具有优势。新津与双流国际机场、天府国际机场可通过轨道交通、高速公路快速连接，区位优势明显。成都中心城区、天府新区与新津之间有地铁 10 号线二期、市域线 S7 和 S8、成绵乐城际铁路、川藏铁路等多种模式的轨道交通连接，成雅高速、成乐高速、成都二绕高速等也为区域城市和产业的发展带来极大的交通便利。新津有着良好的产业基础，绿色食品、智能家居、新能源汽车、轨道交通产业发达，中国天府农业博览园、天府智能制造产业园均落户新津。按照成都市总体规划，新津承担着城南门户枢纽城市重要职能，发展前景巨大。

二是城市功能短板明显、区县实力存在局限。实施 TOD 综合开发前，新津缺乏商务核心区以及高品质商业综合体，医疗、酒店、文体设施配套等不完善，旅游资源优势未能充分发挥，城市基础设施建设不足，公共交通系统难以满足城市居民需求……诸多城市功能短板使得新津缺乏对外来人口的吸引力，居民生活处于传统县级水平。此外，新津的经济体量和财政收入有限，干部素质参差不齐，缺乏 TOD 专业人才，对实施 TOD 成片开发形成掣肘。

三是轨道交通、撤县设区机遇千载难逢。根据成都总规，新津规划有城市轨道交通线路 5 条，地铁 10 号线二期在新津设有 7 座车站和 1 个车辆段，其中新津站 25 min 可达双流机场，40 min 可达中心城区；成绵乐城际铁路在新津已有 2 座车站，后来川藏铁路也在新津设站，未来铁路将推行公交化运营。轨道交通给新津带来的重大发展机遇不言而喻。2018 年，成都市政府审议通过了“新津县撤县设区事宜”，新津撤县设区进入倒计时，正处于两年的过渡期。撤县设区后，新津将更加紧密地与成都中心城区连成一个整体，成都市经济和市政设施将迅速向新津扩展；土地置换更加顺利，有利于产业结构布局的调整；交通、通信、能源等基础设施和文教、卫生等服务设施都将在市里的统一规划下得到加强，新津的城市环境也将迅速得到极大改善；传统的市、县两套社会服务体系被功能强大、级配合理、覆盖面广的中心城市服务网络所取代。轨道交通与撤县设区机遇叠加，实属千载难逢！

四是强区环伺、轨道虹吸挑战巨大。紧邻新津的天府新区、双流区有着比新津更好的区位、产业、交通、公服配套以及政策等方面的优势；放眼成都，在 2018 年全市推进的 14 个 TOD 示范项目中，新津重点打造的新津站 TOD 属于郊区型 TOD 新城类型，区位相对较远，市政基础设施和公服配套基础薄弱。此外，轨道交通的开通是把双刃剑，尤其对于郊区而言，如不能形成反磁吸快速导入人口和产业，被虹吸或沦为“睡城”的可能性极高。

2.2.3 发展策略

通过深入学习和系统分析，新津明确了抓住地铁时代机遇的方向，坚定了执行市委、市政府 TOD 战略部署的决心，积极探索以“精明增长”为逻辑内涵、适合新津特点的 TOD 发展策略和推进方法。

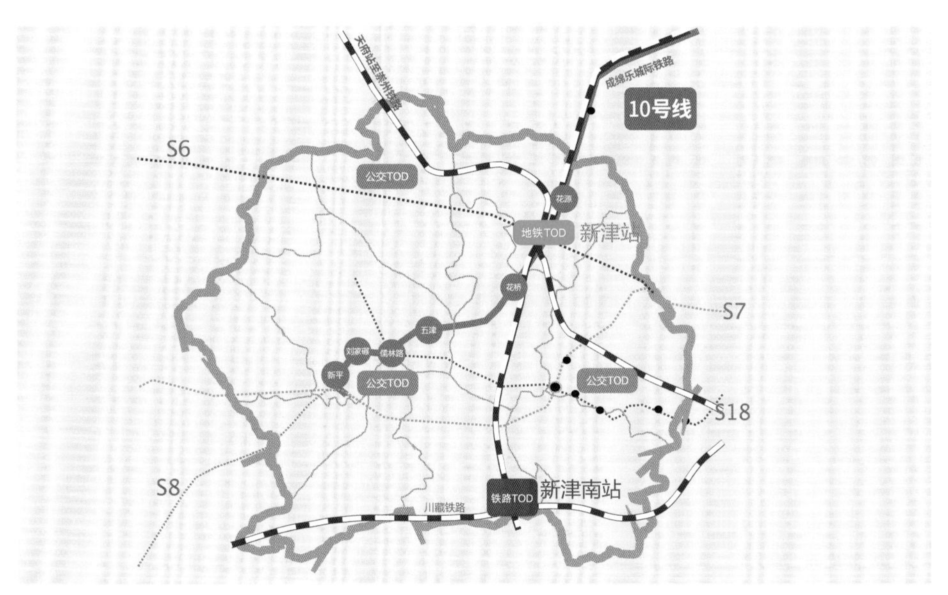

新津全域 / 全模式 TOD 示意

打造全域 / 全模式 TOD

2018 年中，新津启动了 TOD 前期研究，首先对全县域的公共交通进行了系统梳理，发现新津居民小汽车保有量高，现状常规公交的规模较小、能级低、服务水平差，且模式单一，缺少层级。轨道交通方面，虽然成绵乐城际铁路已开通数年，但日客流量仅有寥寥一两百人，停靠班次少；虽然地铁 10 号线在新津设有 7 站 1 场且 2019 年底即将建成运营，但其他线路何时能纳入建设规划还没有时间表。因此，在相当一段时间内，新津城市发展所依赖的公共交通仅有地铁 10 号线和常规公交线路。

在此情况下，新津采取了提升公共交通规划、构建合理层级，收回常规公交运营权、提升服务水平，开展全模式 TOD、结合交通建设时序有序推进的全域 TOD 策略。

一是依托地铁 TOD 打造城市精明增长轴。围绕即将开通的地铁 10 号线新津段全线所有场站，开展 TOD 策划规划，打造新津城市发展主轴和轨道交通经济带；根据站点分类分级、周边城市现状和发展潜力等优势，合理设定 7 站 1 场的 TOD 综合开发时序。在换乘站一体化城市设计中，提前考虑与未来市域线站点的接驳方案，土地开发业态和能级亦根据未来轨道交通格局进行前瞻性匹配，但近期实施方案根据市场情况和区政府财力进行拟定。例如，对于资源禀赋最好、新津倾全县之力打造的成都 14 个首批示范项目之一——新津站 TOD，新津以高远的站位进行策划规划，能级按照地铁新津站（10 号线及规划 S8 线换乘站）和成绵乐城际铁路新津站“双核驱动”进行谋划，打造引领新津未来发展的新城中心。新津为实现此目标，主动提出将地铁新津站 TOD 的分级从原来成都市设定的“组团级”升级为“片区级”，与市轨道集团合力打造。

二是围绕铁路 TOD 储备产城融合增长极。虽然目前成绵乐城际铁路在新津的两个车站客流很少，但城际铁路将是未来成渝地区双城经济圈、成都都市圈的重要走廊，国家正在倡导的“打造轨道上的都市圈”以及东京都市圈发展经验也都表明铁路公交化运营是未来发展趋势，在此背景下，新津未雨绸缪，提前开始了铁路 TOD 产城融合的策划规划工作，成功争取到川藏铁路在新津境内设站，并且对其线路和车站提出优化建议，使之未来能更好地服务于城市发展，同时积极推动重大产业落户铁路 TOD 影响范围，为新津未来打造高能级的产城融合增长极夯实了基础。

三是推进公交 TOD 形成全域不同能级节点。因新津近期只有地铁 10 号线，且市域线及铁路 TOD 发展有待时日，新津对常规公交规划进行了优化，在整张公交线网中挑选开发条件好的公交停保场开展公交 TOD 策划规划和开发模式研究，创新提出了打造“公交枢纽 + 邻里中心”，提升对社区的综合服务水平，促进公交事业与公交公司的可持续发展的公交 TOD 模式，在新津形成“轨交 + 公交”双轮驱动全域 TOD、构建完善城市和社区节点的格局。在开展策划规划的同时，新津还依托具体试点项目积极探索及商谈公交 TOD 开发模式，以期形成可复制、可持续、可操作的合作开发模式。

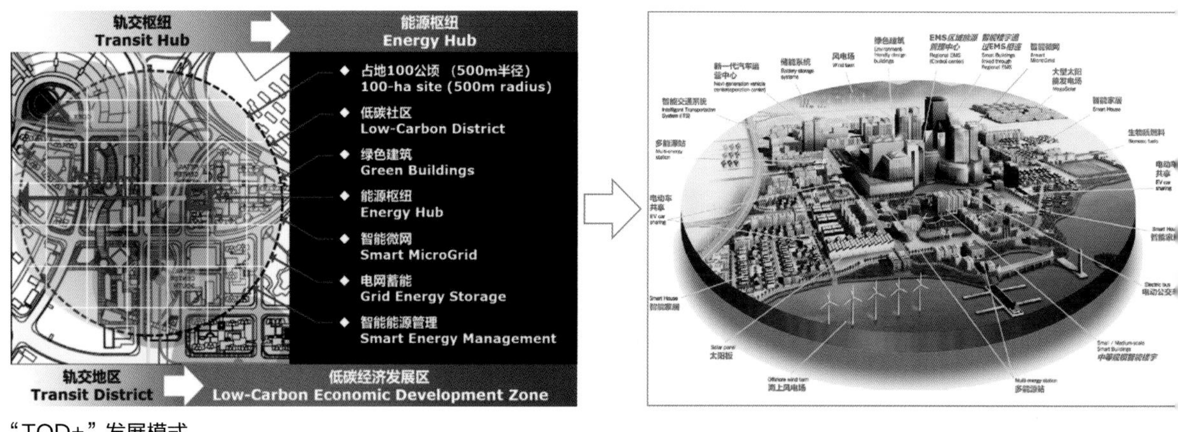

“TOD+”发展模式

以“TOD+”促进人口和产业导入

新津发展TOD最大的挑战是如何快速导入人口和产业、在众多成都TOD项目中争取先机，因此在TOD谋划之初就明确了“TOD+”的策略。“TOD+”的概念是西南交通大学（上海）TOD研究中心于2014年首先在国内提出的，意在打破简单的“轨道＋物业”开发模式，充分利用轨道交通建设和TOD发展契机，在TOD区域内提高基础设施与公服配套的集聚度和智能度，叠加各种生产生活要素和场景，促进人口导入和新兴产业发展，引领崭新生活方式。

2019年初，新津开始考虑将TOD与浙江省在国内提出的未来社区九大场景进行叠加；2019年8月8日，新津与华为和西南交通大学（上海）TOD研究中心合作成立了“中国成都TOD+联合创新中心”，旨在围绕“TOD+”，充分整合三方优势资源，重点在“TOD+策划规划设计”“TOD+数字底座平台”“TOD+数字公园城市”“TOD+5G应用示范”“TOD+创新技术展示平台”“TOD+产业培育孵化”“TOD+行业标准”“TOD+人才引育”8个方面开展创新示范及应用研究。三方商定在新津站TOD率先开展示范试点，新津站“TOD+5G公园城市示范社区概念应运而生。

采用“物理＋数字”双开发模式

在开展新津站“TOD+5G”公园城市示范社区顶层设计时，新津并不仅仅把它当作是一个简单的智慧社区项目，而是以智慧营城理念考虑整个区域的数字经济发展、数字智能产业引育、“TOD+5G”应用场景植入，在谋划整个片区打造数字孪生城市的基础上，以“TOD+5G”公园城市社区项目作为试点和示范，探索总结出一套完整打法和可复制模式，再推广至整个片区乃至新津全域。以此为出发点，新津在确定“TOD+”策略后就开始探索“物理＋数字”双开发模式，研究如何推动城市开发建设从传统物理空间升维到数字孪生空间，进行协同规划和建设运营。“物理＋数字”双开发模式策略包括以下四个方面：

一是物理与数字基建融合策略。探索推进数字基建与物理基建深度融合，将数字基础设施的建设要求纳入城市规划，数据中心、光纤、基站、传感设备及通信设备、维护检查设施、能源供应系统等适度超前纳入城市土地规划及市政规划，设定智慧建筑设计和建造标准，与物理空间同步设计，并按照不同智慧设施类型明确是否需要与物理空间同步施工，确定实施时间和方式。

二是全生命周期双开发协同策略。探索建立新津城市信息模型CIM基础平台，构建新津数字孪生基础底板。基于CIM城市数字平台，全面提升基础设施信息化、数字化和智能化水平，围绕TOD项目全生命周期策规建管运“五位一体”，进行业务流程再造，通过“物理＋数字”双开发协同促进城市开发建设方式转型，为智慧应用赋能。

三是物理与数字场景融合策略。“TOD+”理念的核心是要为TOD空间赋予更多内容、植入更多场景，使之从“Space（空间）”变为“Place（场所）”，成为人们愿意去工作生活的地方。依托新津站“TOD+5G”公园城市社区，推动从传统物理空间开发向未来数字化场景空间开发转变，探索如何以数字经济为引擎打造公园城市创新场景、拓展数字空间运用场景，以及探索物理空间多元化和高效利用。

四是城市建设与产业引育同步演进策略。在推进“物理＋数字”双开发时，探索物理空间打造与产业引育同步实施，通过定制化打造产业空间和生活空间，推动空间供需精准匹配、要素集约高效利用、区域价值整体提升，实现城市建设与产业引育同步演进。

构建共赢合作开发生态

政府主导 TOD 开发的价值实现逻辑在于政府在策划规划阶段通过整合资源、提升规划谋求最大规划价值预期；在项目阶段，通过优势互补的合作开发模式发挥各个合作伙伴的专业优势，以高水准的建设和运营进一步提升 TOD 项目价值。同时，新津要求县属国有公司通过参与 TOD 开发，加快从“城市建设方”向“城市运营商”的角色转变。此外，尚处于探索创新阶段的数字开发，由于不确定性因素较多，以传统的政府投资做项目的风险太高且不利于长期运营。综合以上几方面因素，新津在早期开展 TOD 谋划时就明确了“政府引导 + 技术驱动 + 市场主体”的合作开发原则，后在推进天府牧山数字新城时进阶为“政府主导、企业主体、市场化运作、商业化逻辑”，政府主导规划和平台搭建，招引各领域头部企业成为“城市合伙人”，构建政府、国有企业与市场方共担风险、共享利益的伙伴关系和产业引育生态。主要策略有：

一是招商前置提升策划规划方案落地性。新津在各个站点 TOD 的策划和一体化设计阶段，均多次征询潜在合作开发伙伴的意见，参考市场方的反馈对开发强度、业态、配比等进行完善，一方面提升了策划和设计方案的市场落地性，同时也为项目招商进行了预热。

二是带条件招商确保项目开发品质。传统价高者得的取地方式与 TOD 综合开发促进城市迭代更新的需求已不相匹配，需横向、纵向评判合作对象综合实力，强调物业、商业和产业综合运营能力的条件设置。同时，合作对象应该与国有公司形成伙伴关系，国有公司深度参与项目建设和后期运营，才能实现前端土地溢价收益，获取中端地产开发收益和后端物业运营收益，形成持续反哺地铁建设和 TOD 综合开发的良性循环。新津在各期项目推出前，均与 20 余家高品质城市运营商进行了多轮磋商，深入探讨合作模式、成本分担和利益分享等问题，并设置了地块受让方必须连续两年进入全国地产企业前 20 强或商业地产运营前 5 强的资格条件以确保 TOD 综合开发品质。

三是开放股权实现综合效益最大化。TOD 项目合作开发模式的选择，既要有利于项目综合效益最大化，更要确保合作伙伴招引程序阳光透明。新津组织专家、法律顾问科学研判，认真分析“开发股权合作”“以预期收益为标的进行入股开发”和“广义的 BT”等多种 TOD 项目合作开发模式，同时借鉴上海、深圳、杭州等先发地区经验，按照《企业国有产权无偿划转管理暂行办法》和国家、省市各级企业国有资产交易监督管理办法等文件要求，确定采用市场化运作效率较高、回收成本较快且程序公开、风险共担、收益共享的开放股权模式引入社会资本实施新津站 TOD 综合开发。

新津区风貌

CHINA TIANFU MUSHAN

聘请全流程顾问专业护航

TOD知易行难，实操性极强；成都推进TOD时间不长，尤其在区县层面更是缺乏经验和专业团队。新津从开始推进TOD之初，就强调以高水准、多专业、全流程的专业机构引导TOD战略实施，邀请知策划、懂开发、善运营的头部企业共同推动项目落地实施。成都TOD示范项目都要求聘请国际知名公司开展方案研究，对于新津站TOD，成都轨道集团和新津共同确定了仲量联行和日建担纲策划和一体化城市设计，但除此之外，新津还专门聘请了西南交通大学（上海）TOD研究中心担任新津的TOD总顾问和全流程顾问，为其工作推进保驾护航。专业顾问所起的主要作用包括以下几方面：

一是通过源头策划明确推进路径。成都总结出TOD项目要“无策划、不规划；无规划、不设计；无设计、不实施”，新津认识到最初所需策划非业态策划，而是整体工作推进的源头策划和顶层设计，在工作开展之初就须明确总体工作目标和工作框架、实施推进路径、协调推进机制、推进主体定位、工作推进计划等。TOD全流程总顾问的首要任务就是要基于国内TOD落地实操经验，建议适合新津的TOD总体工作框架和实施推进线路图，提供顶层设计指导。

二是开展基础研究稳定工作边界。TOD是典型的多利益主体跨界整合项目，需要打破城市既有利益格局进行优化重组，相比传统项目，前期缺乏明确和稳定的边界条件是最主要的挑战。新津站TOD在开展成都市政府要求的策划和一体化城市设计“规定动作”前，先期开展了全面充分的研究，提升了全域综合交通规划水平，明确了沿地铁10号线打造轨道交通经济带战略，提出了7站1场开发初步方向；对将要进行策划和一体化城市设计的各个站点，开展边界条件研究，拟定城市设计任务书。

三是通过互动碰撞完善方案。在TOD方案研究过程中，新津TOD总顾问与策划和一体化城市设计团队一直不断互动交流，充分沟通辩论各自对方案的不同见解，尽可能在规划设计阶段充分发现和解决问题，得出兼顾各方诉求、兼具国际视野和本土落地性的方案，为后续项目阶段的具体工作开展夯实基础。

四是协助对接资源促进沟通合作。无论是在TOD策划规划阶段，还是招商准备阶段，都需要与潜在合作伙伴进行专业沟通对话以及涉及合作模式与利益分配的沟通，TOD总顾问可以弥补区县政府及其国有公司在TOD项目专业和经验方面的不足，从独立第三方角度促进区县政府与潜在合作伙伴沟通，协助各利益主体相互理解形成共识。

五是预见问题，提前做好应对。TOD项目的工作边界和推进过程不断变化是其最主要的特征，工作推进须“烂泥萝卜擦一段吃一段”。按照常规行业分工，传统的设计咨询单位通常只是针对项目建设程序中的某几个环节开展工作，因此难以应对TOD项目的特殊性。TOD全流程顾问最重要的工作之一，就是要根据各个城市各类项目各个阶段的TOD推进经验，围绕落地，“以终为始”，倒推实施推进路径，以下位工作需求倒推本阶段工作要求。在拟定和执行本阶段工作策略时，预见可能出现的情况，提前做好预案，降低试错成本，加速项目推进。

在从新津站TOD至天府牧山数字新城乃至全域TOD工作推进过程中，新津聘请西南交通大学（上海）TOD研究中心作为TOD全流程总顾问；聘请律师事务所开展TOD综合开发全周期法律咨询、提供法律保障；紧密衔接西南联合产权交易所，研究合作模式、交易流程相关细节，把握政策标准；聘请上海同济城市规划设计研究院担任新津公园城市总顾问，重点开展新津站TOD主轴线Transit Mall的城市设计；聘请桐领资本担任新津产业发展的总顾问，开展产业策划和引育协助工作。这些顾问从各自擅长领域以其专业和经验为新津赋能，对于新津TOD推进起到了十分重要的作用。

匡晓明

新津公园城市规划总顾问
上海同济城市规划设计研究院有限公司城市设计研究院常务副院长
上海城市规划委员会顾问

朱晓兵

新津 TOD 综合开发总顾问及全流程指导顾问
西南交通大学 TOD 研究中心主任
中国城市轨道交通协会资源经营专业委员会副秘书长

渡边莊太郎

成都轨道城市发展集团有限公司总顾问
日本知名规划师和建筑师
TOD 规划设计领域专家

新津区风貌

2.3、Strategy of Xinjin Digital Smart Park City 新津数智公园城市战略

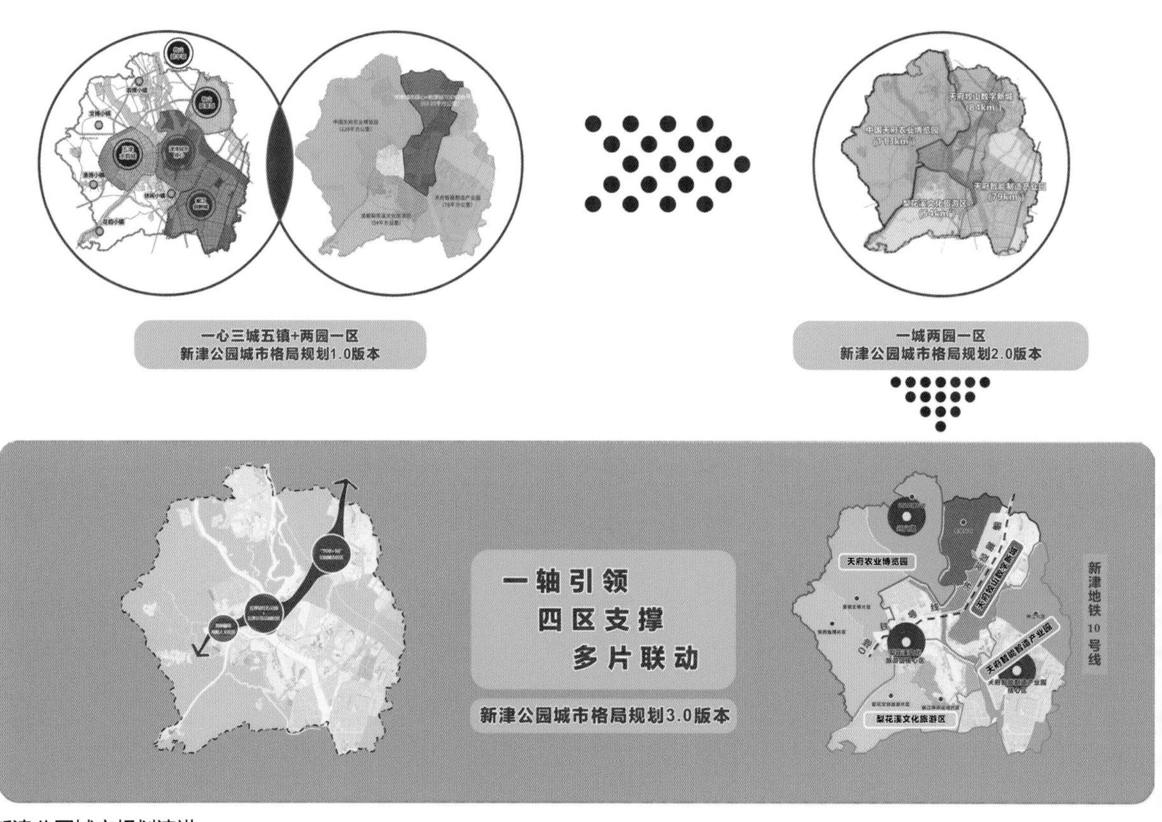

新津公园城市规划演进

2.3.1 发展演进

2018 年，新津迎来了撤县设区的千年变革，之后又相继遇到四个重大发展机遇：一是成渝地区双城经济圈。成渝地区双城经济圈建设成为国家战略，新津位于成渝地区双城经济圈重要枢纽节点，城市战略区位更为凸显。二是成都都市圈。成德眉资区域位于“一带一路”倡议和长江经济带战略的重要交汇点，新津作为成德眉资同城化区域的重要支点，城市发展能级大幅提升。三是“两区一城”协同发展。“两区一城”指由天府新区、成都东部新区、中国西部（成都）科学城组成的高质量协同发展区域，是成都助力全国高质量发展的重要增长极和新的动力源。新津依托毗邻天府新区、高新区的区位优势和产业基础，先进要素资源加速聚集。四是国家数字经济创新发展试验区和国家新一代人工智能创新发展试验区。成都获批国家新一代人工智能创新发展试验区，成渝共建国家数字经济创新发展试验区，新津位于成都数字经济带和绿色经济带的重要节点，创新发展政策加持赋能。

在此背景下，新津根据成都市加快“践行新发展理念的公园城市示范区”战略部署，结合探索实践不断对城市发展目标和规划进行更新迭代，在格局规划中落实了乡村振兴、公园城市、高质量发展等国家发展战略要求，从“产城分离”的 1.0 版本提升至“产城融合”的 2.0 版本，逐步优化城市空间格局，重塑产业经济地理。2021 年 10 月，新津进一步提出“一轴引领、四区支撑、多片联动”的公园城市格局规划 3.0 版本，实践从“产城分离、城乡发展不平衡”到“产城融合、城乡协同发展”的转变。

过去几年，新津以“精明增长”为逻辑内涵，创新城市营建策略，建立“公园城市 + 数字经济”体制机制，实施了三大营城策略：一是 TOD 营城，城市生长更加精明有序。抢抓地铁 10 号线二期开通运营机遇，探索以“TOD+”统筹城市重点片区建设，完成新津站 TOD 一体化规划设计以及花源中心片区和五津长岛片区城市设计。旭辉天府未来中心加快推进，“TOD+5G”公园城市社区示范项目初步呈现，地铁沿线形态风貌和商业业态优化提升。以股权开放引入社会资本实施 TOD 综合开发模式在全市推广。二是智慧营城，城市运转更加智能高效。探索“物理城市 + 数字城市”双开发模式，推动城市开发建设从传统物理空间升维到数字孪生空间的协同规划、建设运营。三是生态营城，城市生态更加优美宜人。扎实推进“五河一江两山”生态系统保护修复，建成津津绿道 210 余千米、公园湿地群落 1 万余亩（1 亩 =1/15 公顷），白鹤滩湿地成为全市唯一的国家湿地公园，城市绿化覆盖率达到 46%，获评“全国绿色发展百强县市”。

重大机遇赋能	顶层设计先行 战略策略	实践检验完善 项目实践
轨道交通建设 撤县设区	全域“TOD+” ……	新津站TOD及其他项目
	打造全域/全模式TOD（轨交+公交） 以“TOD+”促进人口和产业导入 采用“物理+数字”双开发模式 “政府主导、市场主体”合作开发	**新津站“TOD+5G”公园城市社区** 川藏线新津南站产城融合 老码头公交TOD 五津站、刘家碾站……
成渝地区双城经济圈 成德眉资同城化发展	“公园城市+数字经济” ……	天府牧山数字新城
	TOD营城 …… 数字营城 …… 生态营城 ……	天府牧山数字微城 产业载体精准招商 打造数字底座、应用场景示范 ……
	新津第十五次党代会	
《“十四五”数字经济发展规划》 成都获批公园城市示范区	全域 数智公园城市 ……	一城二园一区
	数字赋能引育公园城市创新发展： 建设公园城市“全域融合”新城市 培育公园城市“数字赋能”新产业 创造公园城市“幸福美好”新生活	**天府牧山“TOD+数智新城”** 天府农业博览园 天府智能制造产业园 **梨花溪文化旅游区**

新津“公园城市＋数字经济”战略迭代

新津“一城两园一区”公园城市产城组团

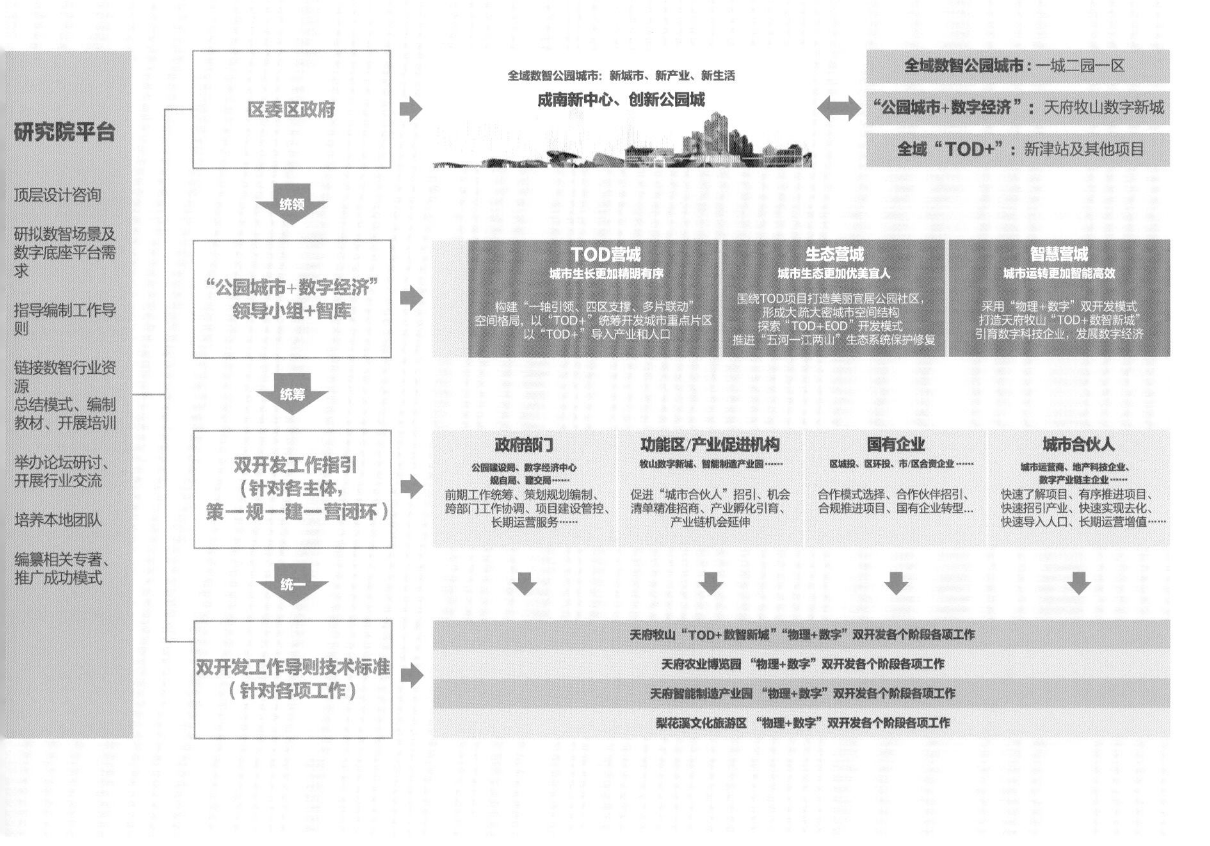

新津全域数智公园城市战略层

2.3.2 生态构建

2021 年 12 月，国务院发布了《“十四五”数字经济发展规划》，新津此时已在数字经济领域开展了一系列探索实践，具备发展数字经济、推进数字治理的良好基础，顺理成章获批成都“智慧蓉城”建设试点区县。2022 年 1 月，国务院批复同意成都建设践行新发展理念的公园城市示范区；3 月，成都发布《成都建设践行新发展理念的公园城市示范区总体方案》，明确打造“城市践行绿水青山就是金山银山理念的示范区、城市人民宜居宜业的示范区、城市治理现代化的示范区”，将新津全域纳入天府新区公园城市示范区范围。为此，新津提出“数字赋能引育公园城市创新发展，打造新城市、新产业、新生活”的数智公园城市战略，塑造“超级绿叶”公园城市新津意象，构建“一城两园一区”公园城市产城组团。在天府牧山数字新城探索数字赋能新基建，经营建设公园城市；在天府智能制造产业园探索数字赋能新制造，转型发展传统工业；在农博园探索数字赋能新乡村，科创助力乡村振兴；在梨花溪文化旅游区探索数字赋能新文创，场景驱动消费升级，新津通过数字赋能新城市、新制造、新乡村，创造一系列应用产品，释放城市机会清单，引领企业实现数字经济建圈强链。2021 年，新津创新组建新津数字科技产业集团，联合联通集团、华为集团共建城市数智能力中台，依托产业功能区，开放数字城市、数字乡村、数字园区、社区等场景，引育云天励飞、广联达、新华智云、乡发数科、一造科技、壹站科技、乐陪教育、复津安科技等生态企业开展联合创新，共同打造县域城市数字赋能创新发展的全国样板，从样板间形成商品房，构建政府引导和企业参与的数字经济发展生态。

2022 年 7 月，新津成立了数字经济研究院，旨在打造政产学研金用数智共创平台，引领中小城市数字化转型发展思潮，按照“多元共建、协同共生、数智赋能”的总体思路，构建数字经济研究咨询“新智库”、人才培育“新摇篮”、产业孵化“新引擎”，数智发展“新标准”，建成立足新津、服务成渝、影响全国的数字经济创新综合体。

2.3.3 “TOD+5G”未来公园社区实施策略

2022 年 2 月，成都启动了未来公园社区建设，新津在“TOD+5G”公园城市社区成功探索的基础上，形成更为系统的“TOD+5G”未来公园社区实施策略：

一是升级 TOD 营城格局，围绕轨交 TOD 和公交 TOD 节点在全域打造未来公园社区，将单一站点 TOD 场所营造升级为构建“一轴引领、四区支撑、多片联动”的城市空间格局。加快建设新津站 TOD 片区，适时启动其他站点 TOD 综合开发，沿地铁 10 号线二期打造人口高度聚集、经济高度密集、运转智能高效的城市精明增长轴线，实现城市有机更新、精明增长。

二是夯实智慧营城基础，聚焦智慧城市场景应用需求建设运营，促进“空间载体 + 数字赋能”联动。将智慧城市规划与空间规划、产业规划融为一体，多规合一，推进物理城市建设与数字城市建设同频共振。建设 CIM 城市数字底座，基于 CIM 数据资源库，采用 3DGIS、BIM、大数据、云计算等技术，构建贯穿城市“策规建管运”全过程的一体化应用体系，实现科学规划、有序建设、高效治理、智能运营和产业引育，探索全面、高效、联动、新型的城市开发建设和管理模式，促进城市开发建设方式转型，提升城市品质。

三是强化生态营城呈现，紧扣生态、智慧两大主题进行规划建设，实现生态经济和数字经济深度融合发展。坚决贯彻执行《成都建设践行新发展理念的公园城市示范区总体方案》，打造公园形态与城市空间有机融合、生产生活生态空间相宜、自然经济社会人文相融的品质新城与“津致生活”载体，把 TOD 片区建设成为城市践行绿水青山就是金山银山理念的示范区、城市人民宜居宜业的示范区、城市治理现代化的示范区。

新津区风貌

2.4 Digital & Physical Development Strategy of Tianfu Mushan 天府牧山数字新城双开发策略

2.4.1 战略思考

新津“一城两园一区”中的天府牧山数字新城，沿地铁轴线布局，规划面积约 84 km^2，是成都首个以“数字”命名的产业园区，聚焦“数字孪生 + 人工智能”，培育发展以数字为特征的新经济产业集群，是成都市数字经济发展的重要支点，也是新津寻求发展新动力的桥头堡和主阵地。根据市委、市政府战略部署，天府牧山数字新城是全市数字经济、人工智能领域“建圈强链”的重要一环，同时天然承担着成为新津高质量发展新的动力源与新增长极的核心战略使命，这是千载难逢的时代机遇。然而，新津也面临转型发展的压力和挑战。对标发达地区和先进城区，新津还有不少差距和短板，综合表现在：城市功能品质、发展能级、经济规模与都市新区标准还有较大差距；数字赋能城市、经济、生活等各领域转型还需持续深入探索；产业集中承载区产业发展质效、源要素利用效率等有待提升，传统区域逼近开发上限与发展上限，以科技创新推动新旧动能转换的动力还不够强劲。因此，天府牧山数字新城必须加强前瞻布局、系统谋划、周密部署。为此，新津专门组织开展了天府牧山数字新城推动数字经济高质量发展的深入研究，形成以下双开发战略思考：

一是统筹考虑城市维度和产业维度，物理城市与数字城市建设同频共振。在城市维度，首先要注重系统设计、整体谋划，以整体思维进行城市数字化的谋篇布局；其次要注重以人为本、精细管理，坚持以人为本的“用户思维”理念，科学合理预测和研判数字新城未来人口导入的规模与结构，细化不同主体的智慧化需求，打造更有“温度”、更有“个性”的智慧新城；最后要注重统筹协调、多方联动，设立智慧城市建设“领导小组 + 业务专班”，领导小组统筹协调总体规划、需求梳理、数据协同、规则沉淀等各项工作，业务专班与市场化力量一起构造智慧城市骨架、系统以及运营。在产业维度，首先要把“选准产业”作为首要任务，根据本区域自然资源、交通、区位条件、产业基础等资源禀赋，精准遴选数字经济产业细分赛道，渐进式、时序式推进产业发展；其次要把“做强品牌”作为关键诉求，对天府牧山数字新城的“成渝数字经济新名片、数字微城新示范”定位再作细化提炼，加快推进品牌铸魂、品牌强基、品牌聚势；最后要把“构筑生态”作为核心使命，新城发展注重“人、产、科、场、城”等要素“统一融合”，产业功能与城市功能“心灵契合”，天府牧山数字新城要以“建圈强链”为产业发展总指引，加快构筑产业创新生态系统。

二是深入分析“赛场”“赛道”，合理选择主导产业。天府牧山数字新城作为唯一以数字新城命名的产业集中承载区，被赋予培育城市数字开发等新模式、赋能数字建造等新产业的重要使命。基于发展趋势、发展基础与竞合分析，数字基础设施极大可能会成为天府牧山数字新城未来彰显产业集中承载区数字名片的“王牌”产业；此外，在产业高端和专业人才缺乏的现实背景下，天府牧山数字新城以产业数字化为主战场，扎实推进新技术与产业集中承载区现有制造业、旅游业、农业深度融合，对于产业集中承载区推进数字经济发展而言，可作为的空间更大、前景更可期。因此，“数字基础设施”和“产业数字化”应成为天府牧山数字新城入局的两大赛场。在主导产业筛选方面，基于与基础相平衡、与区位相承接、与定位相匹配原则，天府牧山数字新城主导产业筛选要突出体现产业的落地性、协同性、带动性，不宜选择强工业属性、高智力需求、高技术支撑的产业，宜选择具备一定基础、具备差异优势、具备协同功能的产业。

三是充分发挥 TOD 优势，创新双开发合作模式。我国智慧城市建设仍处于探索阶段，投入大、周期长、见效慢是普遍问题，尤其是区县级城市主导的智慧城市建设，其推进路径、市场逻辑和合作模式等仍有待厘清。天府牧山数字新城围绕地铁作为城市精明增长轴，核心区的新津站 TOD 又独具区位、交通和资源禀赋优势，且“TOD+5G”公园城市社区示范项目已得到市场认同，在此基础上，天府牧山数字新城应将“物理 + 数字”双开发模式作为解决之钥，坚持政府引导、市场主导原则，以“物理 + 数字”双开发模式实现“空间载体 + 数字赋能”联动，提升城市智慧能级和产业层级，为数字化治理、数字化产业、产业数字化提供发展土壤，引导上下游企业聚集。同时，坚持平台思维与合伙人精神，探索变地产开发商为智慧城市“投资人”、数字经济产业“合伙人”的长效合作机制，权责利平衡机制，动态评估与反馈机制，依托“数字微城”全国试点示范探索实践不断总结完善，形成可复制推广的数字新城双开发模式。

天府牧山数字微城空间结构示意

2.4.2 顶层设计

天府牧山数字新城核心起步区即新津站“TOD+5G”未来公园社区，规划面积约 6 km^2，将打造成为“天府牧山数字微城”。这是新津选择的一个介于数字城市和数字社区之间的合适尺度所开展的中小城市数字化转型探索：在 15 min 步行范围内，以数字化、智能化方式满足居住、教育、医疗、工作、购物和生活休闲等一站式生活需求，通过新一代科学技术与智能技术的高度集成应用，探索城市管理与发展的新模式，着力打造一个数智赋能创新发展的试验区。

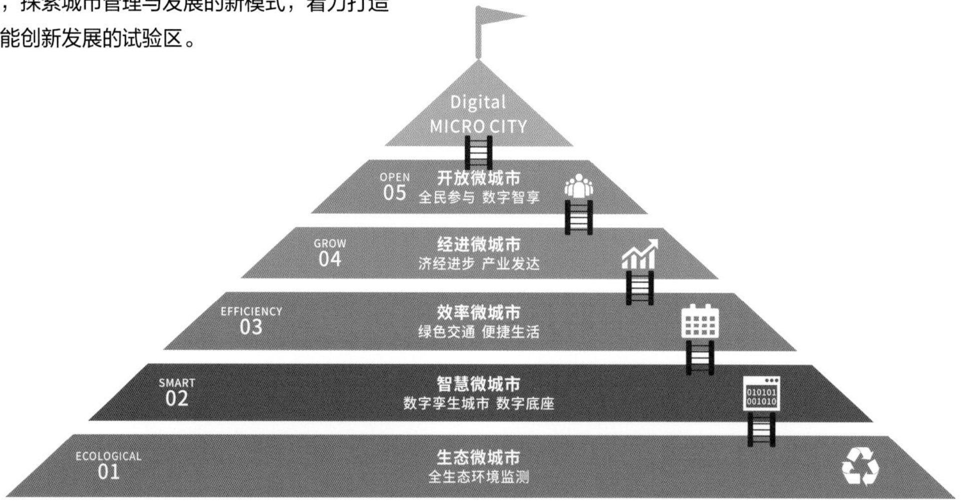

数字微城设计理念

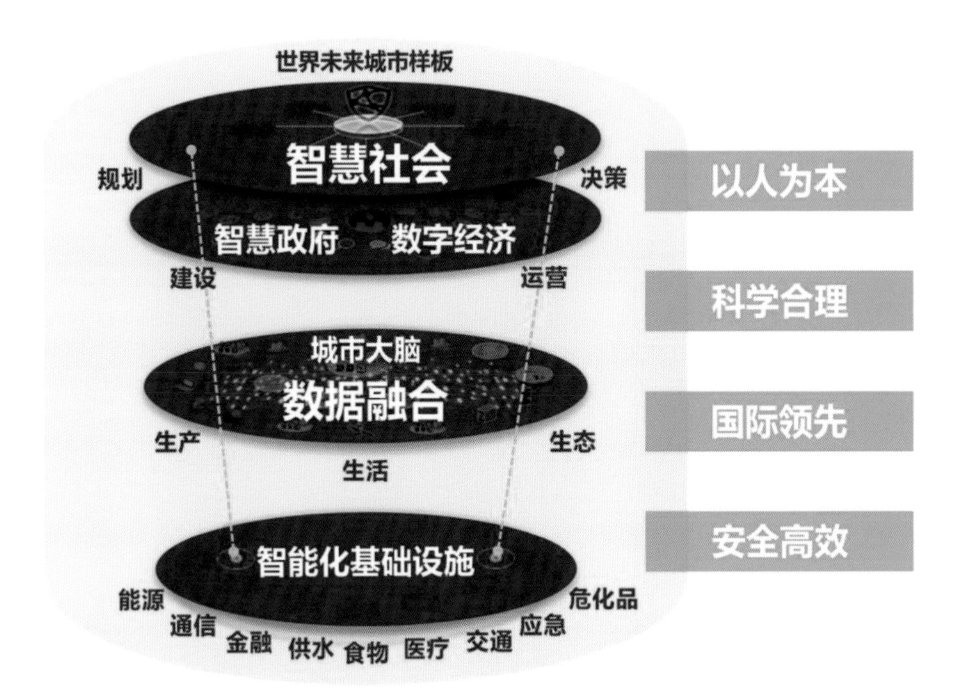

天府牧山数字微城顶层设计规划理念

天府牧山数字微城按照“TOD+IOD+EOD”的规划理念，以“物理＋数字”双开发模式实现“空间载体＋数字赋能”联动，构建“一核一轴一带”空间格局，即新津站智能产业创新集聚核、“3E”公园城市场景沉浸轴、杨柳河生态人文价值转化带，旨在融合“校园、家园、公园、产业园区”于一体，打造“轨交引导示范区、智慧城市样板区、数字产业集聚区、生态品质宜居区”。

天府牧山数字微城的顶层设计规划坚持高起点、高标准、高水平，以打造“成渝数字经济新名片、全国数字微城新示范”为目标，全面推进数字微城建设与新津城市发展战略深度融合，加强总体规划，分步、分阶段地有序夯实新型基础设施、“微城大脑”、网络安全三大数字微城基础保障。同时，切实发挥政府的引导作用，构建由基层政府、社会组织、居民群众共同参与的数字微城治理格局，搭建数字微城的城市大脑中枢平台，共同提升 6 km^2 数字微城所属区域的城市治理、民企服务、智慧交通、智慧公园、数字经济、社区管理、安全保障等多个领域的管理和服务质量。

从最初的“TOD+5G”公园城市社区示范项目起，新津就开始探索实践“物理＋数字”双开发，将公园城市发展与数字经济产业紧密融合，无论是在全区层面的顶层设计、战略制定、机制探索、规划编制，还是在具体项目层面的设计、建设、招商与运营层面，新津均统一谋划、统筹实施。“TOD 综合开发＋公园城市”“公园城市＋数字经济”“物理城市＋数字城市”双开发……多条脉络紧密交织、相互赋能、相互促进，似 DNA 分子结构螺旋式上升，逐渐形成目前的数智公园城市 TOD 战略体系：坚定践行新发展理念，聚力推动高质量发展，以公园城市示范区为发展目标、以“TOD+”为核心营城策略、以“物理＋数字”双开发为营建模式的城市精明增长范式，通过数字赋能引育公园城市创新发展，打造新城市、新产业、新生活，为建设“成南新中心、创新公园城”而继续奋斗。

机制流程篇

MECHANISM PROCESS

3

为了高效推进 TOD 综合开发落实落地，新津突出问题导向、积极探索适宜成都及新津本土实际的 TOD 综合开发模式和“物理 + 数字”双开发实操路径，全面重构 TOD 开发工作体系，创新组建工作机制，优化再造工作流程。

本篇主要介绍新津关于 TOD 实施推进的思考，新津公园城市 TOD 综合开发的工作机制和推进流程，以及在地铁 10 号线新津站 TOD 示范项目的实际应用情况。通过不断探索实践和总结完善，新津已形成一套多方参与、全程连续、前后闭环的工作架构和工作程序，在新津实施推进“公园城市 + 数字经济”工作中发挥重要作用。

DIGITAL & PHYSICAL

CODE OF

TIANFU MUSHAN

DEVELOPMENT

3.1 Working Mechanism 工作机制

3.1.1 新津思考

TOD 知易行难！TOD 是典型的跨界、多专业、多产业链、全过程整合产品，面临着技术边界、主体边界、利益边界以及政策边界不明确和不稳定的问题，需要打破城市既有工作格局进行优化重组。在构思新津整个 TOD 工作体系、机制架构以及工作流程时，新津有以下思考：

一是加强顶层设计，形成利益共同体。以“有利于 TOD 全生命周期增值效益最大化”为原则，合理设定 TOD 各参与方，包括市 / 区两级政府、市轨道集团、区属国有公司、社会资本（城市运营商）以及市民的角色定位、职责划分、合作模式与利益分配等，并建立与之相匹配的工作体系，使得相关主体真正树立“参与 TOD 开发就是融入城市利益共同体”的认识，目标一致、协作共赢。

二是强化源头策划，提高路径针对性。TOD 综合开发不仅需要新的政策设计，还要重视“源头策划”，根据区情、县情，针对性地策划 TOD 推进路径和工作程序。在策划团队选择上，要注意境外专家技术团队和具备国内 TOD 项目实操经验的本地专家团队有机组合。此外，还需要对 TOD 各参与方进行深度培训，统一思想认识，形成工作合力。

三是瞄准综合运营，定位国企新角色。轨交企业以及与之合作的区属国有公司，是大多数 TOD 项目的实际操盘者，在 TOD 综合开发过程中，同时肩负着轨道交通可持续发展和城市高质量发展的使命，需要在格局担当、思维方式、专业人才储备、工作方式等方面全面升级，方能应对从“轨道建设运营方”向“城市综合运营商”的转变。

四是探索合作方式，找到利益平衡点。传统的价高者得的取地方式与 TOD 综合价值最大化需求已不相匹配，与具有品牌和专业度的开发运营商紧密合作至关重要，既让项目开发程序阳光、规范公平，又能找到轨交企业、区属国有公司与开发运营商合作的利益平衡点，是确保合作共赢、实现 TOD 增值效益最大化的关键所在。

五是创新要素供给，推动产城双开发。TOD 是精明增长的产城融合单元，随着地产商业模式从售卖向运营跨界以及 5G 时代的来临，TOD 综合开发已经进入基于物理空间和数字底座的产城“双开发”时代，政府要在 TOD 项目开发的同时植入产业和场景，就必须打破旧有要素供给逻辑，创新策划、规划、土地上市、建设、招商等组织方式，才能引导形成协同供给的 TOD 开发环境。

六是促进复合发展，构建产业生态圈。轨道交通产业已从单纯轨道交通建设运营向沿线区域的产业一体化拓展，新津与 TOD 综合开发同步构建智能轨道交通“解决方案供应商 + 产业技术供应商 + 智能硬件制造商”的产业展示场景，通过场景应用示范引导上下游产业聚集，完善智能轨道交通产业生态圈。成都打造世界轨道交通之都，TOD 必然成为产业生态圈中不可或缺的一环，需要面向未来“TOD+”产业复合发展趋势，超前策划新制式交通、5G 交通、智慧出行、智能制造等产业载体和新兴业态场景，让一个 TOD 综合开发项目就是一个产业社区。

3.1.2 工作架构

新津站在全市共同事业的高度，坚持市 / 区两级一盘棋，按照“参与 TOD 开发就是融入城市利益共同体”的要求，遵循“政府主导 + 技术驱动 + 市场主体”原则，探索构建了“政府 + 政府顾问 + 市 / 区国有公司 + 策划 / 设计团队 + 品牌城市运营商”总体工作架构，推动 TOD 项目全生命周期增值效益最大化，成立 TOD 领导小组和指挥部，聘请西南交通大学（上海）TOD 研究中心作为全区 TOD 综合开发总顾问和全流程顾问，与成都轨道集团组建新津轨道城市发展有限公司，招引仲量联行、日建设计开展市级示范站点——新津站 TOD 策划和一体化设计，引入品牌城市运营商全程参与项目策划和设计，形成多元力量参与 TOD 综合开发的工作格局。

通过构建“政府 + 政府顾问 + 市 / 区国有公司 + 策划 / 设计团队 + 品牌城市运营商”的 TOD 综合开发架构，弥补了政府和国有公司在 TOD 专业和经验方面的不足，使项目在策划和设计阶段充分考虑后续运营需求，高水平完成各类 TOD 专项研究和新津站一体化设计。这种多方参与、全程连续、前后闭环的工作架构，更有利于 TOD 项目贴近市场、优化资源组合、形成城市利益共同体，共同做大蛋糕，长期合作共赢。

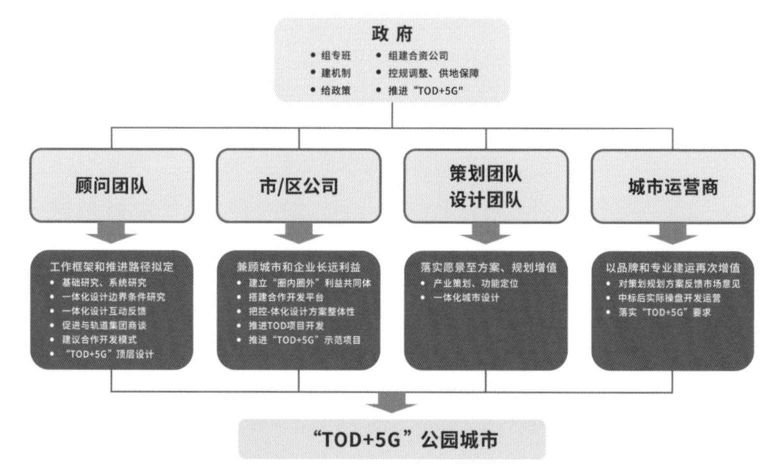

新津 TOD 总体工作架构

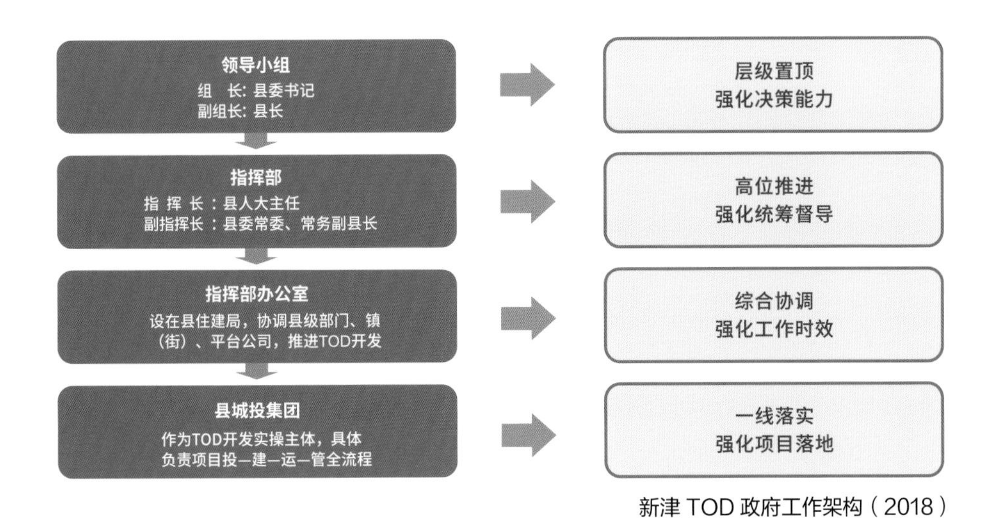

新津 TOD 政府工作架构（2018）

3.1.3 政府机制

2018 年 7 月，新津印发了《新津县轨道交通建设与场站综合开发工作方案》（以下简称《工作方案》），构建以县委、县政府主要领导为组长的领导小组，以县人大常委会主任为指挥长的指挥部，以分管县政府领导为主任的指挥部办公室，以县国有平台公司为 TOD 开发实操主体的四级工作架构，强化决策能力，高位推进，市场运作，完善投—建—运—管全流程、全生命周期服务，确保项目落地。

《工作方案》明确了定战略、研市场、明主体、控资源、稳边界、定指标和保实施的七大工作内容与举措，为新津的 TOD 工作指明了方向和推进路径。

3.1.4 合作机制

市 / 区国有公司

根据《成都市轨道交通场站综合开发实施细则》（成办函［2018］192 号文），成都轨道集团（或其子公司）为实施主体的轨道交通场站综合开发项目，可自主开发，也可在成都轨道集团（或其子公司）控股的前提下合作开发。新津快速推进与成都轨道集团的合作，按照成都轨道集团占比 51%、新津城投占比 49%，在成都成立合资公司，遵循“共同投资、共同开发、共同管理、共享收益、共担风险”的原则，以城市综合运营商的模式实行投建运管纵向统筹，共同推进新津 TOD 综合开发，构建了市 / 区两级共同实施 TOD 综合开发的良好合作模式。

成都轨道集团

城市运营商

市 / 区国有公司肩负着轨道交通和城市可持续发展的使命，但初期在具体 TOD 项目开发运营的品牌、团队和专业度方面，社会资本更有优势。TOD 综合开发引入专业的城市运营商，有利于提升项目开发品质和开发速度，也能够促进国有公司转型升级。不同于常规项目，TOD 要求在前期策划规划阶段有大量投入，项目开发和运营亦需要更多地从全生命周期的综合效益来考虑，因此传统价高者得的取地方式与 TOD 综合开发促进城市迭代更新的需求已不相匹配，需横向、纵向评判合作对象的综合实力，强调物业、商业和产业综合运营能力的条件设置。为确保项目开发品质，新津采用了设门槛的招商方式，在新津站 TOD 示范项目一期招商过程中，新津与 20 余家高品质城市运营商进行了多轮磋商，深入探讨合作模式、成本分担和利益分享等问题，最终设置了地块受让方必须连续两年进入全国地产企业前 20 强或商业地产运营前 5 强的资格条件以确保 TOD 综合开发品质。在新津站 TOD 一、二期项目开发获得阶段性成功后，新津启动了天府牧山数字新城的推进工作，产业引育代替房地产开发成为工作重点，新津提出“城市合伙人”的概念，招引各领域头部企业，构建政府、国有企业与市场方共担风险、共享利益的伙伴关系和产业引育生态。

合作开发模式

股权合作开发

对潜在合作伙伴设置资格条件是确保 TOD 综合开发品质的托底要求，在此基础上，还须通过充分的市场竞争来争取政府利益最大，并且确保竞争程序合法合规、阳光透明。新津组织专家、法律顾问科学研判，认真分析自主开发、股权型合作、协议型合作等多种模式的优劣，同时借鉴上海、杭州、深圳等先发地区的经验，按照《企业国有产权无偿划转管理暂行办法》和国家、省市各级企业国有资产交易监督管理办法等文件要求，最终在新津站 TOD 一、二期项目中确定采用市场化运作效率较高、回收成本较快且风险共担、收益共享的开放股权模式引入社会资本实施综合开发。开放股权合作进行 TOD 综合开发，是破除 TOD 开发效益等同于土地收益、杜绝“一锤子买卖”的重要方式，有利于持续反哺地铁建设运营。国有公司通过股权合作深度参与项目建设和后期运营，既可实现前端土地溢价收益，又可获取中端地产开发收益和后端物业运营收益，完成“股权转让 + 地产开发 + 商业运营”资金“三回流”，形成持续反哺地铁建设和 TOD 综合开发的良性循环。

在设计具体股权转让方案时，为兼顾合作伙伴积极性和国有公司参与度，新津考虑可以由合作伙伴控股主导项目实际开发运营，但国有公司需最大限度保障政府决策权力。最终，确定了受让方占股比例不高于 66%、国有公司占股不低于 34% 的原则，既可最大限度回笼前期投入资金，又可确保政府对重大事项决策的一票否决权。此外，还对受让方提出了股权锁定的要求：5 年内不能再次转让股权，其目的是在合理期限内捆绑公司股东利益，保障公司稳定运营。2019 年 12 月，新津站 TOD 项目 1 号地块在西南联交所通过 88 轮竞价，由中南地产以 4.8 亿元（溢价 10.13%）竞得 66% 的股权，新津在全市率先实现了“社会资本通过股权转让方式”参与 TOD 项目投建运营的突破。新津总结股权合作探索实践，形成了《中共新津县委关于新津站“TOD+5G”公园城市社区示范项目引入社会资本实施股权合作开发情况的报告》，被成都市印发至各地各部门学习，股权合作的基本范式得以成功复制推广到昌公堰站、行政学院站等多个 TOD 试点示范项目。

其他合作模式

股权合作模式市场参与度高、经营风险低、资金压力小，但股转周期较长且溢价税费高。除股权型合作外，新津还分析研究了协议型合作以及自主开发模式的优缺点及相关案例，针对不同类型的项目特点、市场情况和自身力量灵活应用。例如，对于纯商业业态的 2 号地块，采用代建代运营的合作开发模式；对于以公服配套为主的 3 号地块（城市公园），则由新津城投进行自主开发。新津在确定合作开发模式时，始终遵循“政府主导、企业主体、市场化运作、商业化逻辑”的原则，重点围绕 TOD 项目全生命周期效益最优，构建能够优势互补、做大蛋糕的城市利益共同体；在涉及与社会资本合作时，通过设置资格条件，以头部企业的品牌和实力保证开发品质，但社会资本必须经由合规透明的程序、通过充分市场竞争获得合作开发权。

3.1.5 双开发机制

在新津站“TOD+5G”公园城市社区示范项目一期开工之日，新津即开始谋划更大范围的城市发展，以新津站 TOD 为核心，沿地铁 10 号线将周围 84 km^2 划为全新的功能区，探索“公园城市 + 数字经济”发展，以升级版“物理 + 数字”双开发，打造天府牧山数字新城。新津站 TOD 也从最初的“TOD+5G”公园城市社区示范项目探索，升级为系统地按照“数字微城”理念打造“TOD+5G”未来公园社区。

与此同时，针对新津全域“一城两园一区”的“公园城市 + 数字经济”工作全面开展，新津在对原先新津站“TOD+5G”公园城市社区“物理 + 数字”双开发实践总结的基础上，围绕“数字赋能引育公园城市创新发展，打造新城市、新产业、新生活”的数智公园城市战略，升级完善了新津全域“物理 + 数字”双开发工作机制。

该机制设计是根据 TOD 以及“物理 + 数字”双开发区别于传统项目的主要特点所做的针对性的创新安排，这些特点包括：牵涉多方利益主体，沟通协调要求高；探索创新具有较多不确定性；前期工作缺乏明确及稳定的边界；技术工作均跨界，需要多专业整合等。在该机制中，“公园城市 + 数字经济”领导小组、区公园城市局和区数字经济中心所承担的职责主要是传统建设程序中缺位或统筹力度需要加强的前置研究与协调工作，通过梳理这些前期工作、稳定后续工作边界、明确各方职责后，即进入常规片区开发项目的城市设计、控规调整、土地入市以及项目建设等常规程序。此时，区自规局、建交局等常规职能部门按照传统建设程序各司其职，而传统建设程序未包含的招商运营前置、跨部门协调等所有其他工作，仍由区公园城市局和数字经济中心等机构继续负责，从而确保 TOD 双开发项目全生命周期在策、规、建、管、运各个环节的横向多方协同与纵向全程闭环。

“公园城市+数字经济”领导小组 ← 智库

↓

“公园城市+数字经济”领导小组办公室
(设在区发改局)

城市策划+规划研究+建设导引+市政建设统筹 ← 公园城市建设局

公园城市建设局：
城市规划前期工作牵头单位
城市建设前期工作牵头单位

- 负责将数字开发落实到物理层面
- 负责制定CIM规建管运相关导则、标准

数字经济中心
智慧治理中心
融媒体中心 → 城市数字底座建设+数字开发+数字经济培育

数字经济中心、智慧治理中心、融媒体中心：
城市数字开发工作牵头单位
城市智慧治理工作牵头单位

- 负责建设数字底座和集成相关数字化应用平台
- 负责制定城乡大脑数据底座技术标准

相关职能部门 负责探索智慧城市场景应用，制定行业导则、标准
功能区管委会 负责督促开发企业应用“物理+数字”双开发模式

新津全域“物理 + 数字”双开发工作机制

3.2 Xinjin TOD Workflow Advancement 新津TOD推进流程

成都市提出 TOD 综合开发应遵循“无策划不规划、无规划不设计、无设计不实施”的原则，在地铁 10 号线新津站 TOD 示范项目的具体实践过程中，新津吸取国内其他城市 TOD 实施推进经验教训，结合新津具体情况，在成都所提原则的基础上进行了充实与完善，形成了一套经实践验证是行之有效的推进流程。

数学新城核心区城市设计效果图

城轨 TOD 区县推进路径

3.2.1 前置研究

对于“无策划不规划”，新津认为最初所需策划非业态策划，而是整体工作推进的源头策划和顶层设计，在工作开展之初就须明确总体工作目标和工作框架、实施推进路径、协调推进机制、推进主体定位、工作推进计划等。同时，要针对 TOD 工作推进一直面临的边界条件不明确和不稳定问题，结合轨道工程的进展开展量身定制的前置研究，稳定包括一体化城市设计在内的后续工作边界条件，才能事半功倍，有序推进。

推进路径策划

轨道交通工程推进有其自身路径，一旦近期建设规划获批，将进入环环相扣的快节奏发展阶段，进程相对刚性。对于轨道沿线的土地综合开发，无论是在前期策划规划阶段，还是在具体 TOD 项目的实施推进阶段，因其与轨道需进行整体规划、用地红线与空间相互重叠、建设时序相互影响，且多方利益主体参与其中，“T”与“D”互为边界，所以工作推进必须协同，并且须以轨道交通推进为主导轴。同时，TOD 受空间跨界、时序交错、多主体博弈、政策法规和体制机制逐步健全等诸多因素影响，整个工作推进尤其是前期策划规划阶段，边界条件一直处于不明确且不断变化的状态。因此，TOD 工作推进应该“烂泥萝卜擦一段吃一段”，先明确总体工作方向，再根据轨道交通进展设定分阶段目标，并结合实际情况不断纠偏调整，最终达成目标。因此，相对于具体业态策划或空间规划而言，TOD 的“源头策划”更为重要，应首先根据中国国情和城市的具体情况，针对性地策划 TOD 推进路线图，辅以相关专题研究，为各阶段规划设计工作稳定边界条件，才能做到有序推进、降低试错成本。

成都地铁 10 号线二期于 2016 年 7 月获批，同年 12 月底启动建设，在市委、市政府提出 TOD 战略部署时，地铁建设已经过半，TOD 直接进入具体项目层面，TOD 前期应该开展的基础性研究存在不完善或不充分之处。2018 年 8 月，新津依托西南交通大学（上海）TOD 研究中心，迅速拟定了适合区县诉求的工作推进路线图，并且根据 10 号线新津段轨道工程进展及周边开发的具体情况，制订了针对性的研究计划，有序推进抢救性、基础性和探索性前期研究。

天府牧山数字新城 5G 智慧场景效果图

抢救性研究

地铁 10 号线新津段最初的规划设计侧重于解决轨道交通工程问题，站点和出入口设计为常规的标准站方案，轨道场段亦未考虑上盖开发预留。2018 年推进 TOD 时，新津的 7 站 1 场土建结构已基本建成，但周边土地开发的策划规划尚未启动。为尽量减少轨道设施对未来 TOD 开发可能造成的不便、降低改造成本，新津首先对 7 站 1 场以“DOT”理念进行了抢救性研究。

DOT 指将交通设施与周边物业和城市环境作为一个整体，进行整合规划、城市设计和建筑布局，以各类功能优化组合、空间高效利用、交通换乘无缝衔接及各种动线合理安排为原则，对交通设施进行功能、工艺、形态、建设时序、结建工程等方面的优化，使其能更好地支撑 TOD 发展。DOT 理念的核心是：轨道交通不仅仅是交通工具，而是可开发经营的城市资源。从轨道交通的线站位选址和敷设方式，到具体车站和附属设施设计，乃至公交配套，都应该以 DOT 理念进行优化，夯实 TOD 价值实现的技术基础。

针对地铁 10 号线新津段全部 7 站 1 场，新津组织基于各站点的施工进展以及对其周边地块开发方案进行研究，提出车站设计优化建议并评估优化方案实施的可能性，重点研究各车站及停车场的一体化整合策略、场站与周边地块的接口条件及界面、远期衔接预留、实施可行性与改造可行性评估。研究成果提交给市轨道集团，部分优化建议得到采纳，但大部分建议因为超过窗口期或可能影响通车节点，未能付诸实施。

基础性研究

新津的 TOD 基础性研究分为两方面，一是针对新津全域的系统性梳理与研判，二是针对具体站点的“三位一体”研究。

全域系统性基础研究

基于成都市 TOD 战略部署、新津的南部区域中心城市的最新定位以及实际的产业发展情况，为实现以 TOD 理念加快培育“新津轨道交通经济带”发展战略，对新津的城市总规、产业规划尤其是综合交通规划进行梳理，提升 TOD 应用基础。

一是进行新津综合交通规划梳理与轨道交通线网优化。基于对城市经济社会发展背景及交通相关情况的现状调研，开展公共交通发展现状分析、公共交通客群分析、交通发展战略研究、公共交通与土地协调性分析、公共交通体系发展模式研究、公共交通场站规划以及 TOD 车站的交通衔接规划等方面的研究。

二是开展新津轨道经济带产业与规划前期研究。研究轨道交通建设对新津的城市规划愿景和产业发展战略目标带来的变革，基于城市空间、经济产业的研究，重点对地铁 10 号线新津段沿线地区进行物业市场调研，拟定整体发展战略，梳理产业发展条件及机遇，盘点土地资源潜力，提出线站位优化建议，提出产业导入与用地功能组合建议及土地利用优化建议。结合成都市 TOD 站点分类分级，提出新津 7 站 1 场的错位发展策略，主动提出将新津站 TOD 从原来的组团级上升为片区级，重点打造。

三是开展 10 号线新津段 TOD 开发财务评估与新津 TOD 投融资策略研究。根据 10 号线新津段沿线产业导入与用地功能组合建议，结合各站区的用地优化方案，进行可开发资源收益深化分析，并针对轨道交通 10 号线新津段提出新津区综合开发系统性投融资策略与模式建议。

站点“三位一体”研究

成都市要求 TOD 综合开发须开展一体化城市设计工作，根据研究成果优化调整控规指标。针对 TOD 工作开展所面临的技术边界、市场边界、主体边界、机制边界不明确和不稳定问题，新津并未着急开展相关站点的一体化城市设计，而是在系统性研究的基础上，另外逐个针对具体站点开展“物业组合 + 空间方案验证 + 开发价值评估”三位一体整合研究。

一是物业组合研究。针对规划范围内地块开展业态策划，提出综合开发地块的物业组合与业态配比建议、重点项目策划建议、地块及地下空间开发规模建议、分期开发策略建议。

二是空间方案验证。针对不同物业组合开展概念性城市设计，重点研究物业组合所推荐的业态和开发强度在空间方案和交通承载力层面是否可行；同时，以一体化整合设计理念重点研究与轨道站相衔接地块的地上地下空间以及各类附属设施，形成可引导后续开发或区域更新的地下空间开口对接系统性框架，理顺动线系统，为后续一体化城市设计明确物理边界。

三是开发价值评估。针对推荐的物业组合方案，进行项目总体财务分析，包括财务参数设定、投资成本估算、运营收益与费用估算和投资效益估算，用来形成新津与成都轨道集团以及社会资本商谈合作开发模式、进行招商预热的基础。

新津开展站点“三位一体”研究有两大特点：一是将研究范围扩大至整个 TOD 辐射范围（1 500 m 半径）、而非当时成都政策（成府函〔2017〕183 号文）要求的轨道交通场站综合开发用地范围（一般站点半径 500 m、换乘站点半径 800 m），站在城市发展的角度对 TOD 价值客观地进行整体提升，而非先考虑谁是开发主体、获益多少。二是物业组合、空间方案验证及开发价值评估三项工作以“并联”方式同步开展、互相反馈调整，最终形成多个维度基本平衡稳定的边界条件，避免了业态策划与空间规划“串联”开展、各自为政、难以整合的局面。新津站 TOD 一体化城市设计任务书由市轨道集团与新津共同编制，过程中双方亦有不少碰撞与相互妥协，但最终形成的统一认识化为具体设计要求，并且磨合出一套高效沟通推进的机制，为后续一体化城市设计及控规调整工作的顺利开展打下坚实基础。

在完成路径策划与基础性研究后，新津一方面可以配合地铁 10 号线的工程进展和市轨道集团需求，有序组织开展 7 站 1 场的 TOD 推进工作；另一方面，对于铁路 TOD、公交 TOD 等没有明确工程控制节点且由区县主导的 TOD，新津可以根据城市发展需求和产业导入情况，有条不紊地进行系统、逐步深入的研究与推进。

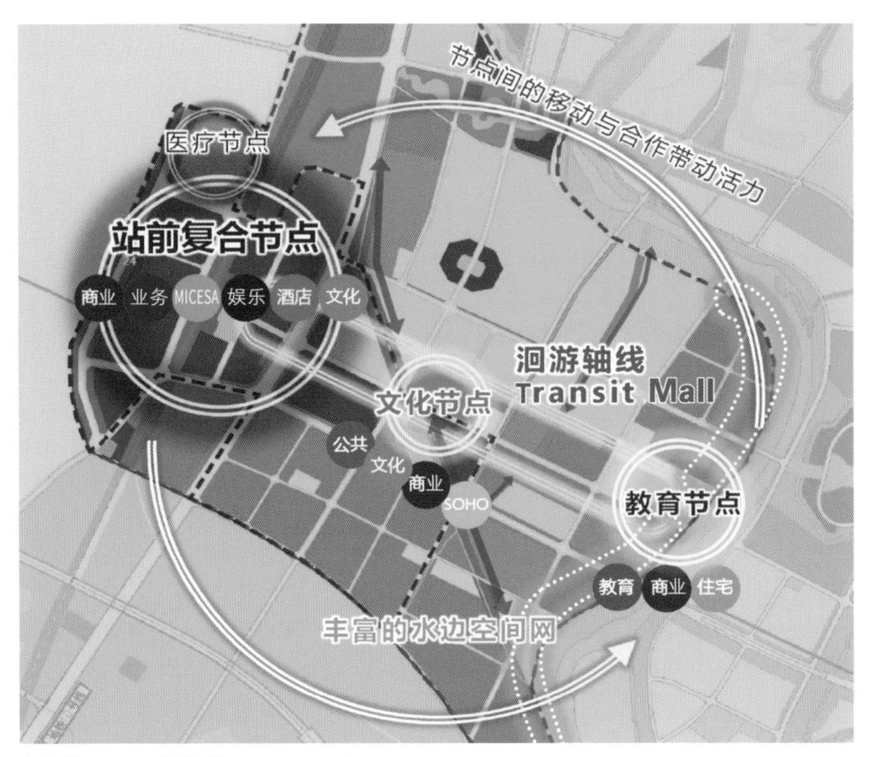

新津站 TOD 洄游轴线 Transit Mall

3.2.2 策划规划

对标东京二子玉川站，新津提出要在新津站“打造完美 TOD”的目标，新津站 TOD 的业态策划和一体化城市设计分别聘请了国际一流团队仲量联行和日建设计开展。日建设计在较短时间内提出了新津站 TOD 的空间规划结构，其核心为慢行洄游轴线 Transit Mall，在活力与洄游核心的 Transit Mall 上建立节点，充分发挥每个节点的特色，实现功能分担与配合；沿着 Transit Mall 配置店铺和各种办公、公共服务等基础设施，促进洄游性提升；设置沿河的绿色走廊，形成绿色走廊与设施一体化的洄游空间。

国际团队的优势在于国际视野、国际经验与设计能力，但是其工作需要在相对稳定的边界条件下开展，且需要时间充分了解熟悉当地情况。从另外一个角度来看，TOD 项目因其多利益主体以及边界条件不明确、不稳定等特性，对于甲方的专业度和判断力有着相当高的要求。新津一方面依托 TOD 全流程总顾问厘清边界条件、提供专业支撑；另一方面不断与市轨道集团及其总顾问密切沟通讨论；同时，结合策划和一体化城市设计的关键节点多次通过各种形式向市场方（潜在合作伙伴）征询其对方案的反馈。多管齐下，多轮碰撞，最终形成多维度均衡考量、多方利益基本平衡的一体化城市设计方案。对于个别几方意见不能达成一致的问题，例如个别地块的业态与开发强度、综合交通枢纽的规模等，则采用战略留白、弹性预留的方法予以应对，这样既能确保当下有基本稳定的方案可以继续推进综合开发工作，又可对重要地块或议题保留日后确定或完善的可能性，避免仓促决策造成遗憾或掣肘。

2019 年 6 月，日建启动新津站一体化城市设计，整个 TOD 规划设计过程中的协调工作由新津县公园城市建设局负责；9 月，新津站 TOD 一体化设计方案通过新津规委会审查。

新津花源中心片区（新津站 TOD）城市设计框架示意

3.2.3 城市设计

成都市要求 TOD 综合开发须通过一体化城市设计优化调整控规指标，新津站 TOD 在完成此项“规定动作”后，非但没有停止规划设计研究，还加大了力度。控规指标调整前开展的一体化城市设计，最大作用是稳定了新津站 TOD 片区的整体空间结构和核心地块规划指标，使得控规调整、相关地块的土地入市、项目招商等工作可以继续推进。从具体综合开发项目落地角度而言，这一轮城市设计的关注重点和颗粒度都还需要继续深化；同时，在新津站“TOD+5G”公园城市社区示范项目推进的过程中，外部环境变化迅速，城市和片区发展不断涌现出新的机遇，也出现房地产市场不确定性增加等情况。

对于已完成招商的新津站“TOD+5G”公园城市社区一、二期示范项目，新津要求通过股权转让获得开发权的城市运营商严格按照原城市设计确定的规划理念和空间格局高标准开展建筑方案设计；针对“TOD+5G”公园城市社区创新理念，新津与 TOD 总顾问一起对建筑设计单位进行指导，对设计成果严格把关，避免出现“挂羊头卖狗肉”、把新津站 TOD 做成平庸房地产项目的情况。

针对因新津站 TOD 成功开发所带来的天府牧山数字新城新机遇，2020 年 10 月，新津邀请上海同济城市规划设计研究院开展花源中心片区城市设计，在日建一体化城市设计方案的基础上提出了深化方案，以“TOD+IOD+EOD”为理念发展新型产业社区，以轨交生态双重引动、智慧赋能公园城市，打造轨交引导示范区、智慧城市样板区、生态品质宜居区；方案提出了一核一轴一带的规划结构，将日建方案中的 Transit Mall 具象为 IOD-3E 轴——公园城市场景沉浸轴，打造 5G+ 智慧城市体验示范区，重点建设 E 商坊（沉浸式商业街区）、E 园坊（牧山之心城市公园）、E 英坊（公园城市新社区）。新一轮的城市设计方案，响应了天府牧山数字新城的发展机遇，细化了城市风貌管控要求；更重要的是，为数字新城的产业引育稳定了空间格局和蓝图呈现。

新津 TOD 建设效果图

3.2.4 开发模式

市场意见征询

在新津站 TOD 策划及一体化城市设计阶段，对于重要业态和指标（例如商住比、开发价值评估），新津除了对策划规划单位以及 TOD 总顾问的意见进行研判外，还几次在策划规划关键阶段与多家头部城市运营商对接，通过举办推介会、访谈等方式，征询市场方对于方案的反馈意见。这样做的好处在于：一是可以通过城市运营商对于产品开发和运营的经验提升前期策划规划的专业度；二是可以对拟推出项目的市场反应进行摸底，有助于精准设定招标起价及招商模式；三是通过持续的市场征询不断加强潜在合作伙伴对于项目的熟悉度，增加其对于 TOD 片区发展前景的认同感，感受到政府推进的力度，从而达到招商预热的目的。

合作模式拟定

合作开发模式拟定的原则是是否有利于 TOD 项目全生命周期效益最优、市场是否接受、政府风险是否可控以及招采程序是否合规。新津站 TOD 片区开发根据各期项目的开发内容，结合政府对于开发目标与品质的要求、区属国有公司的能力以及市场征询得到的反馈，进行了针对性的设计。一是对于以住宅和常规商业为主的开发，先由区属国有公司（或区属国有公司与市轨道集团的合资公司）根据相关政策获得开发权，再通过产权交易平台公开出让股权、招引城市运营商；出让的股比允许超过 51%，使得合作伙伴可以控股、以其专业能力实际操盘开发，但出让股权不允许超过 34%，以确保政府对重大事项决策的一票否决权。二是对于开发和运营难度大、社会资本通常不愿意重资产持有的商业开发，围绕如何为区属国有公司找到长期合作伙伴，可考虑采用代建代运营的方式，或争取采用区属国有公司控股的股权合作方式，以减轻合作伙伴的重资产压力，重点发挥其商业营造与运营的专长。三是对于以文化、体育、公园等配套设施为主的开发，重点由区属国有企业进行开发，部分配套商业的运营可通过协议性合作引入专业团队。

招采条件设置

对于拟合作开发的 TOD 项目，新津采用了带条件的招商方式，对参加开发权竞争的城市运营商设置了资格要求。此举是为了避免缺乏实力和品牌意识的开发商盲目摘牌可能导致的开发品质差或者项目易烂尾的风险。但同时，为确保招采程序的阳光透明以及充分的市场竞争，新津在设置资格要求时不做具有明确指向性或违反公平竞争原则的条件设置，以保证有一定数量的城市运营商以公平公开方式开展竞争。

此外，在合作伙伴招引阶段，需充分考虑项目在开发与运营阶段可能出现的问题，在招采条件中予以说明。例如，对于股权转让而言，因其在上平台进行产权交易前有“重大事项及其他披露内容”之要求，新津利用此环节针对 TOD 项目的特殊要求进行了说明，如需满足“TOD+5G”相关工作要求、政府对于方案的审批要求等，为后续项目开发阶段与合作伙伴的协作与把控预设了依据。

3.2.5 开发进程

设计方案确定

对于合作开发项目，通常由中标的城市运营商选择设计单位开展项目设计。由于城市运营商及其选定的设计单位对 TOD 的认识理解与政府不尽相同，且大家对诸如“TOD+5G”之类的创新内容无具体经验，更有出于开发成本考虑的利益取舍，因此作为政府及合资公司中代表政府利益的国有公司，对设计方案的把控与审批至关重要。一是做好规划设计工作交底。新津通过建立沟通机制，让一体化设计单位及 TOD 总顾问向项目设计单位详细解释上位规划设想、重要设计要求与技术要点建议，确保设计单位彻底了解项目背景、理解设计意图，快速进入正轨。二是做好全域设计统筹。TOD 片区开发包含多个项目，设计单位仅针对自身项目所包含的内容进行设计。新津依托 TOD 总顾问，从未来 TOD 片区整体运营出发，对本项目与外部的空间衔接与功能协同提出相关设计要求或建议。例如，本项目商业与其他项目商业业态的错位，本地块与相邻地块地下空间的互联互通，考虑居住社区未来以无围墙方式管理等。三是以伙伴关系共同探索创新领域。对于“TOD+5G”中有关数字开发的创新内容，新津政府与顾问一方面帮助合作伙伴与设计单位提升站位高度、了解 TOD 发展趋势和前景；另一方面与合作伙伴紧密协作，一起调研、一起做方案、一起测算成本收益，共同决策、共担风险，促进项目朝既定目标逐步迈进。四是严格进行方案审批。每个项目的设计方案，都要经过多次汇报讨论，并且随着各期建设和销售情况不断优化完善。设计方案审批的重点在于是否满足相关设计要求、开发产品是否符合预设目标，例如，居住单元必须是满足“TOD+5G”公园城市示范社区要求的精装房，而不能是毛坯房。

产业导入同步

对于包含多地块开发的 TOD 项目，合作伙伴出于快速回收投资以及产业导入能力有限的考虑，通常会建议先开发住宅，将商业和办公开发留至最后。这样，住宅虽有可能完成销售，但对快速导入人口和产业不利，容易形成空城，不利于整个 TOD 片区的长期发展。新津坚持产业发展需要和产业人才现实需求，探索城市建设与产业引育同步实施，主动为 TOD 项目招商引资、导入产业。例如，在“TOD+5G”公园城市社区示范项目二期“天府未来中心”的开发中，新津一方面要求合作伙伴上海旭辉地产集团快速导入旭辉里、阿里未来酒店等城市生活服务业，另一方面由政府主导招引商通数治、优必选机器人等数字经济企业总部，实现了旭辉二期项目的产业载体可同步开发建设、产业项目可拥有“量身定制”的产业空间，以及政府可实现城市建设、产业引育与人口聚焦同步演进的多赢局面。

3.3 "Physical+Digital" Dual Development Collaboration "物理+数字"双开发协同

基于对新津站“TOD+5G”公园城市社区示范项目“物理 + 数字”双开发实践经验的总结，新津针对天府牧山数字新城的双开发协同流程进行了完善。对于天府牧山数字新城而言，虽然新津站“TOD+5G”公园城市社区所处 6 km^2 是其核心区，因轨道已建成通车，现阶段的开发建设将聚焦于 TOD 的“D”端即城市端，重点在于如何在数字微城的建设中实现物理开发与数字开发的协同、城市建设与产业导入的协同。

物理开发与数字开发的协同主要包含两方面：一是数字孪生城市的规划建设要与物理开发协同，二是数字经济产业和智慧体验场景的特殊运营需求须前置对应到物理开发之中。新津委托广联达科技股份有限公司建设新津区 CIM 基础平台、CIM 时空数据库（含 CIM 建模、处理）及 CIM+ 应用系统的软件部分，设计了一套贯穿城市建设全生命周期 8 个环节（顶层设计环节、城市规划环节、土地出让环节、方案审批环节、施工许可环节、项目施工环节、竣工交付环节和项目运营环节）的双开发工作推进流程。

新津区城市信息模型（CIM）平台技术导则

VOL.0

DIGITAL & PHYSICAL

CODE OF

TIANFU MUSHAN

DEVELOPMENT

数字探索篇

DIGITAL EXPLORATION

2018 年以来，新津按照党的二十大关于加快建设网络强国、数字中国，加快发展数字经济，促进数字经济和实体经济深度融合等重要精神，遵循“物理城市＋数字城市”双开发逻辑，以“智慧新津”建设为抓手，聚焦城市数字底座搭建、数字孪生城市开发、产业数实融合发展等方面，推动数据赋能城乡治理、数据赋能城市开发、数据赋能产业转型，探索县域数字化转型路径方法，打造县域城市数字赋能创新发展全国样板。

本篇主要介绍新津数字底座构建的相关内容，同时以云天励飞自进化城市智能体等具体案例解读数字场景生态打造的做法及成效。

CHINA TIANFU
WUSHAN

4.1 Construction of Digital Base 数字底座构建

2019 年，新津成立智慧治理中心，统筹政务公开和电子政务发展、大数据开发应用、政府门户网站建设等，用互联网、大数据信息等新技术促进政务公开方式方法的变革，提升社会治理水平，标志着城市治理进入新的阶段。在对智慧治理支撑城市运行有了实践的基础上，借鉴阿里数字政府理论，2022 年新津按照成都智慧蓉城“王”字形架构部署，聚焦“智能交互、智能连接、智能中枢、智慧应用”，在提升城市“全场景智慧、全要素聚合、全周期运营”治理能力上下功夫，搭建了“112N”智慧新津架构。

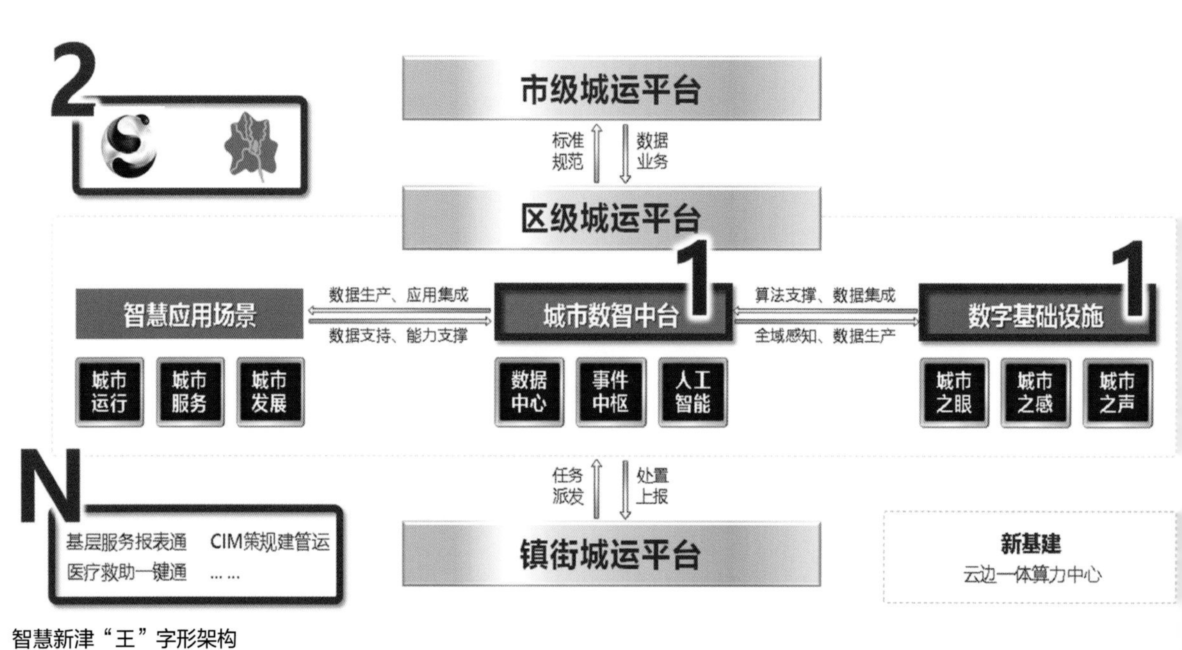

智慧新津“王”字形架构

4.1.1 一套数字基础设施

“112N”的第一个“1”指一套数字基础设施，主要包括“城市之眼”“城市之感”“城市之声”的数字化基础设施。其中，“城市之眼”是城市视频感知系统，贯通天网、交通、水务等政府内部系统，以及社区、企业、写字楼等来自社会面的摄像头。“城市之感”是物联感知设备，比如在危险源、消防等领域，能感知温度、声音、有毒气体、烟雾颗粒等类型的监测传感器。“城市之声”是依托智慧融媒和 12345 热线等平台，收集群众诉求，监测社会舆情。“城市之眼”“城市之感”“城市之声”的实时数据汇聚起来，形成一座城市的数字体征，并进行动态监测和分析，可以实现城市状态“一网感知”。

4.1.2 一个城市数智中台

“112N”的第二个“1”指一个城市数智中台，主要包括“数据中心”“事件中枢”“人工智能”。其中，“数据中心”纵向贯通市、区、镇街三级平台，横向连接区级部门业务系统，是一个全域数据汇聚的“大水池”。“事件中枢”主要是按照“应上尽上”原则，打通城市运行事件来源，推进事件全面上线流转、智能分派、闭环处置、全程跟踪，实现“高效处置一件事”。“人工智能”是一个 AI 能力中心，主要是通过人工智能的手段，实现对海量数据的管理、调用等，让数智中台的“智商”越来越高。通过“数据中心”“事件中枢”“人工智能”的协同支撑，驱动数据聚起来、用起来、管起来，实现城市数据“一网通享”。

4.1.3 两个服务应用终端

“112N”的“2”是指两个服务应用终端。一个“端”是“津政通”行政人员协同端，另一个“端”是“超级绿叶码”公众企业服务端。其中，“津政通”是政府工作人员的办公端，集成政府侧管理、服务应用，让行政事项尽可能地在线上高效流转。“超级绿叶码”是企业、市民、游客服务端，集成企业服务、民生事项、旅游消费等应用，让自然人和法人办事更加智能高效。这两个“端”在线上与线下之间形成友好的有感交互界面，让政府、企业、公众能够无缝融入智慧城市应用生态，借助数智中台的能力，简单、方便、快捷地进行业务办理，实现社会诉求“一键回应”。

CHINA TIANFU
MUSHAN

4.1.4 N个智慧应用场景

有了城市数智中台的能力支撑，新津按照“应用为要、务实管用”原则，基于城市运行、城市服务和城市发展等领域需求，建立健全体制机制，与市场化企业协同创新，推动智慧应用场景开发，形成了一批产品、服务和模式。

比如，基层工作人员负担重一直是老大难问题，主要表现在基层政务 App 多和报表多两个方面。针对这些问题，新津以为基层减负为切入，创新了“基层服务 · 报表通”智慧应用场景，通过“数据中台赋能、事件中枢支撑、线上线下联动”，解决了数据收集、治理、应用、更新等问题，实现数据一端采集、一次采集、动态更新、多方复用。同时，报表通开发了“自助工具”功能，管理者可以根据自己的需求，通过自定义字段配置报表，自动抓取数据、一键生成报表，实现了过去“从基层要数据”向现在“从中台取数据”转变，大大减轻了基层工作人员的负担。

又如，医疗救助是困难群众最有感的民生实事，但由于救助对象类型多，救助职责分散，导致群众申报存在办事多头跑、材料多次提交、政策解读难、等待时间长等问题；政府办理存在精准识别身份难、精确计算待遇难、部门横向协作难、资金安全监管难等问题。针对这些问题，新津聚焦“聚数据、简材料、汇政策、通流程、强监管”，构建了“医疗救助 · 一键通”智慧应用场景，通过大数据应用，实现了医疗救助群众办事不跑路、窗口操作更简单、不漏一个困难户、不少一分救命钱。

智慧新津建设得到了群众认可、企业认同、同行肯定，“基层服务 · 报表通”在成都及国内多个城市推广，“医疗救助 · 一键通”获评成都市“解决群众急难愁盼”十大经典案例并得到推广，新津荣获 2022DAMA 中国数据管理峰会数据治理最佳实践奖、中国城市发展论坛 2022 高质量发展创新案例，17 项智慧场景应用入选四川省新型智慧城市创新示范，“城市开发建管通”应用获评中国智慧城市大会 2022 年智慧城市先锋榜一等奖。

4.2 Creation of Scenario Ecosystem 场景生态打造

4.2.1 云天励飞自进化城市智能体

在智慧新津“112N”整体架构上，联合国内第一家兼具 AI 算法平台、AI 芯片平台、大数据平台等 AI 关键技术平台的独角兽企业——深圳云天励飞公司，聚焦城市管理智慧化转型开展场景共创，打造自进化城市智能体，进一步创新城市治理模式，提高城市管理质量，提升事件流转效率，助推城市治理科学化、精细化、智能化。

首先，新津搭建了城市管理数据驾驶舱，实时掌控城市运行规律。通过搭建驾驶舱，动态感知城市运行状态，实时掌控新津全域城市治理态势，实现全域一屏掌控；在 GIS/CIM 平台实时呈现新津全域市政设备设施、城管执法队员、市政管理人员的位置信息和状态，实现监督一览无余；基于大数据对城管事件数据进行分析，智能提出重点工作建议，辅助智慧决策，提升主动治理能力，实现智能辅助决策；从事件处置类别、数量、难度、时长等多方面进行综合考核评价，推进城市治理评价体系逐步完善，实现科学考核评价。

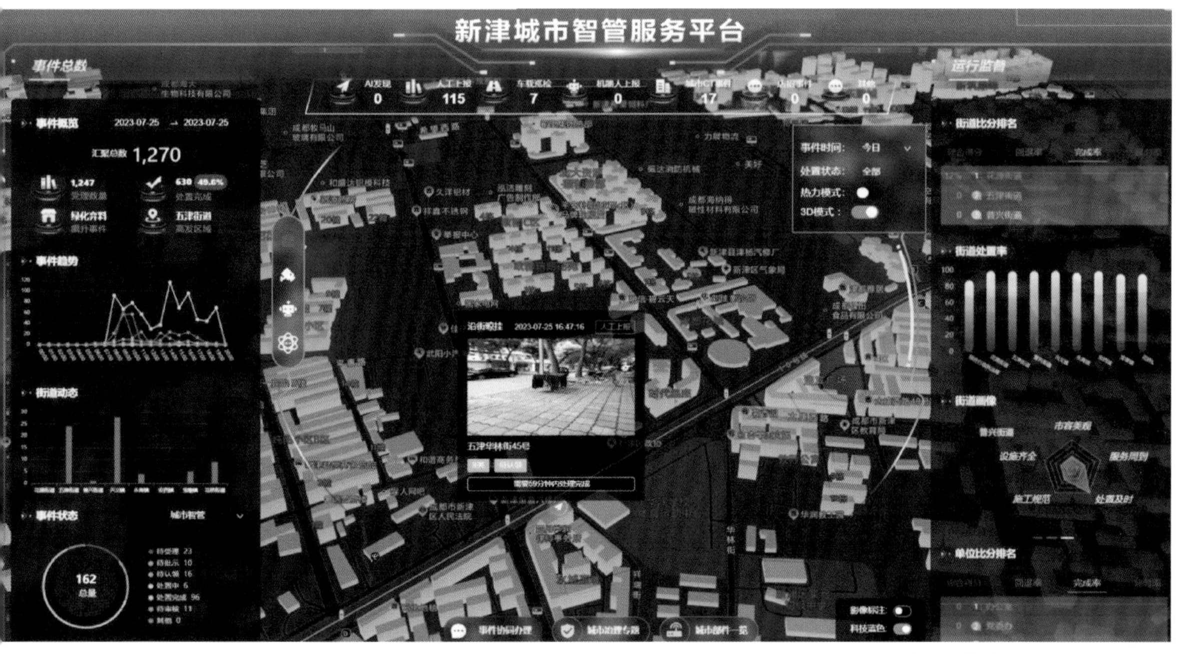

新津城市智管服务平台演示界面

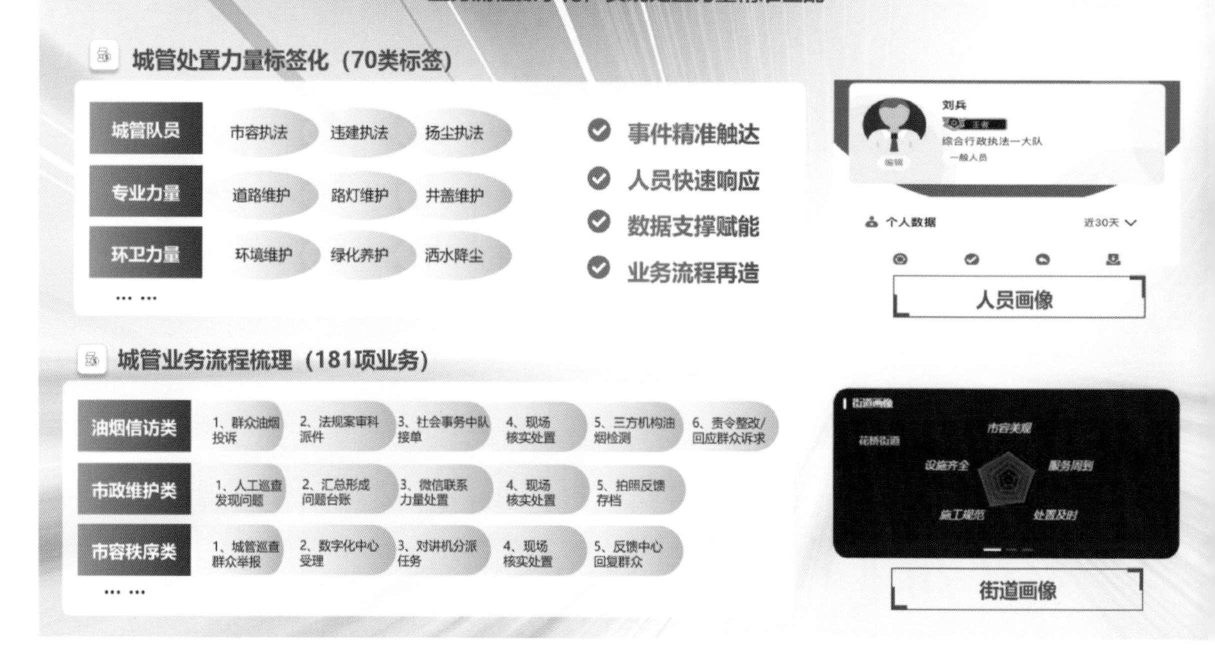

新津智慧城管平台业务逻辑

其次，新津构建城市感知体系，实现事件智能上报。通过配置完善 AI 摄像头、巡检机器人、车载道路病害巡检等“城市之眼”，智慧路灯、智慧井盖、共享单车等“城市之感”，通过架构 GIS/CIM 等技术，实现基础设施可视化、事件流程可视化。通过全流程智能化升级，普通事件处置时长从 3 h 降低至 1 h，事件发现时长从小时级提升至分钟级。在智能巡检方面，以机器实时巡检替代人员现场巡查；在事件发现方面，AI 智能识别城管事件，提升事件发现能效；在智能分拨方面，根据事件类别、位置智能分拨，实现就近处置；在智能处置方面，“门前五包”事件直接发送店主，实现不见面执法；在智能复核方面，机器实时复核事件处置情况，替代人工现场复核。

最后，新津构建了四级应用平台，也就是在市、区、镇街的基础上增加了村社区工作站，包括了城管队员、网格员和微网格员三类处置主体，四级应用上下贯通，各司其职，充分联动。市级统筹指挥，区级实战枢纽、镇街联勤联动，村社区高效处置，实现大、中、小、微四级循环。同时，在处置应急事件时也可实现直达单兵的扁平指挥，达到跨部门、跨系统、跨业务的智能化协同管理服务的运行体系。

通过以上平台，新津在城市智慧管理方面取得了明显的成效，比如通过车载道路巡检道路病害，原来的巡查时间从 1 h 缩短到 20 min；通过智慧公厕系统管理，实现“两纸一液”节省 30%、巡查频次减半、群众满意度显著提高；通过 AI 全程识别分析，根治城市“牛皮癣”，使城市立面更干净；通过 GPS 共享，AI 技术智能识别，解决共享单车乱停放问题。

策规建管运一体化平台演示界面

4.2.2 广联达 CIM 策规建管运平台

2021 年 7 月，新津携手全国数字建筑平台服务商广联达科技股份有限公司，在天府牧山数字新城成立广联达数字科技（成都）有限公司，共同围绕“物理城市 + 数字城市”双开发，将数字基建、智慧建造等涉及的工作和流程，融入城市开发建设过程中，形成“策、规、建、管、运”五大阶段，“策划设计、城市规划、土地供应、立项许可、施工许可、建设管理、竣工验收、运营维护”八个环节。在此基础上，研发策规建管运一体化平台，实现策划规划成果导则化、线下业务工作流程化、全生命周期管理数字化。该平台建设内容主要包括 CIM 基础平台、CIM 时空数据库（含 CIM 建模、处理）及 CIM+ 应用系统的软件部分；总体架构设计包括感知层、基础设施层、数据层、平台支撑层、系统应用层和用户层。新津以天府牧山数字新城 TOD 核心区 6 km^2 为示范场景，开展策规建管运一体化平台的应用实验，汇聚时空基础数据、资源调查数据、规划管控数据、工程建设项目数据、公共专题数据、物联网感知数据等各类 CIM 数据资源，构建形成统一的 CIM 时空数据库和数字底板。

CIM 基础平台：CIM 基础平台通过汇聚各类数据，构建形成新津区数字空间底板，并提供三维可视化表达和服务引擎、工程建设项目各阶段信息模型汇聚管理、空间分析及模拟仿真等基础能力，为新津区城市策规、建设、管理、运营等各阶段 CIM+ 智慧应用赋能。

CIM 时空数据库：主要包括时空数据汇聚与整理、数据规范化检查与预处理、时空数据库构建与多源异构数据的融合等内容。

CIM+ 应用系统：策规阶段建设“规划一张图辅助决策系统”“BIM 全过程业务

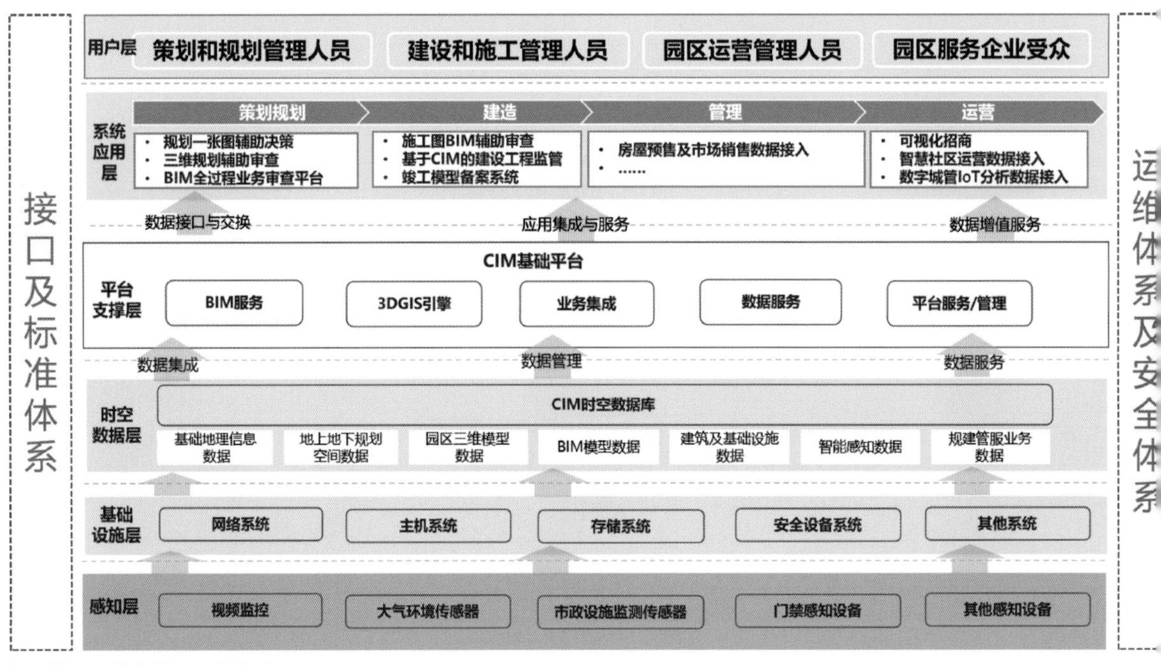

策规建管运一体化平台建设内容

审查平台”和“三维规划方案辅助审查系统”三大业务系统；建设阶段建设“施工图 BIM 辅助审查系统”“基于 CIM 建设工程现场监管一张图系统”“竣工模型备案系统”；管理阶段开展“智慧社区运营数据”“数字城管 AI 识别分析数据”的接入工作；运营阶段建设“可视化招商系统”。

CIM+ 策规建管运平台具有三大创新点。一是在建设前突出用地需求“一图清”和报规报建“一模通”。在城市供地阶段，通过“CIM 基础平台”的数据治理能力，汇集并叠加各类型地理信息图层，如文物保护区域范围、名木古树范围、地下管线接驳点位、控规红线等空间数据，以及供地地块的城市设计导引等文件，可“一键核提”快速形成可下载、可读取、可复用的数据资料，让政府部门和用地企业都可以快速知晓地块“家底资料”。通过正向设计，促使 BIM 模型贯穿建设业务的全生命周期。一方面企业侧报规全过程在线提交、修订，政府侧管理人员在线审查及时反馈；另一方面利用平台“快、准、稳”的信息化审查模式，解放出审查人员传统审查时付出的大量时间，减少了精力投入。二是在建设中突出企业诉求“一键服”，构建企业线上问题反馈处理模块，形成线上二级促建工作机制，推动政府部门和企业双向在线，协同高效。三是在建设后突出运营服务“一网享”。项目建设完成并移交给运营管理企业和物业管理企业之后，CIM+ 应用系统能够持续发挥其优势进行赋能。一方面为商业 / 产业空间载体提供“元宇宙”场景应用，协助城市管理部门开展可视化载体招商；另一方面，为已建成街区的市政设施监测管理提供三维立体时空场景服务。

新津数智城市 BIM 全生命周期管理系统演示界面

4.2.3 广联达 BIM 全生命周期管理系统

2022 年 6 月，成都新津城市产业发展集团联合广联达公司，以牧山数字新城 2 号地块为样本，利用“BIM+ 智慧工地”技术，启动新津数智城市 -BIM 全生命周期管理系统建设，开展项目全生命周期精细化管理，努力打造“成都市智能建造试点”新标杆。该系统将建筑信息模型（BIM）、云计算、大数据、物联网等先进技术的整合应用和管理流程相融合，促进人与物全面感知、施工技术全面智能、工作互联互通、信息协同共享，覆盖主管部门、企业、施工现场多方联动，提升参建各方协作、现场管理高效开展。同时，项目现场管理数据同步共享到新津区 CIM 基础平台，共同构建新津区统一的 CIM 底板数据。本系统主要包括项目大脑、BIM 指挥中心、数字建造、技术管理、生产管理、安全管理、质量管理、劳务管理、绿色施工、项目总结与复盘等十大智慧工地应用模块。

通过该平台，实现了项目生命周期对安全、进度、质量、成本、技术等维度进行可视化、数字化管理，将项目管理行为可视化、数据化，对安全风险、质量风险进行超前预警，同时通过物联网终端设备对现场实施本地 + 远程无缝管理。安全方面可实现重大危险源全程监控、安全问题全流程整改闭环，杜绝伤亡事故；质量方面可通过 BIM 模型问题跟踪、重点工序验收、质量问题整改闭环，提升项目工程品质；进度方面通过 BIM 模型进度信息挂接，科学排布项目推进计划，全过程穿插提效，可实现运营效率提升 15%；成本方面可通过 BIM 模型前置发现图纸问题并定位跟踪落地，减少现场返工工程量，基本实现无效成本为零；BIM+ 智慧工地创新项目管理模式，实现项目全周期的提质增效。

DIGITAL & PHYSICAL

CODE OF

TIANFU MUSHAN

DEVELOPMENT

项目实践篇

PROJECT IMPLEMENTATION

围绕新津数字赋能实体产业，推进“物理 + 数字”双开发探索实践，打造“TOD+5G”公园城市社区示范项目，本篇对新津 TOD 代表性项目，从开发产品设计、项目开发历程与落地效果以及合作开发模式等维度进行回顾，对通过项目开发实践所得到的经验教训、合作体会以及对未来工作的借鉴要点进行总结，同时，介绍了智慧新津“112N”区级平台、CIM+ 策规建管运、新津 BIM 全生命周期管理系统等数字化项目情况。

“智在云辰”效果图

5.1 Zhi Zai Yun Chen 智在云辰（新津站“TOD+5G”公园城市社区示范项目一期）

5.1.1 项目历程

早在 2012 年，新津城投就通过公开拍卖方式取得了 1 号和 2 号地块的开发权，但因种种原因未实施开发。新津站 TOD 综合开发工作启动后，围绕将新津站打造成“完美 TOD”的目标，新津率先在成都探索通过股权转让模式引入社会资本，联合更具品牌、更为专业的城市综合开发运营商进行 1 号地块的开发。为吸引更多头部企业对新津站 TOD 的关注，尤其是希望征询城市综合开发运营商对新津站 TOD 规划设计方案落地性的反馈，从 2019 年 3 月起，新津结合一体化城市设计进展，多次通过项目推介会、沙龙等形式，将龙湖、华润、万科、中粮、中南、龙光、中海、中交和绿地等头部企业请到新津，了解城市规划和基地情况。同时，采用“走出去”调研及点对点沟通的方式，深入了解潜在合作伙伴的实力、意愿，尤其是他们对一体化城市设计初步方案和 1 号 /2 号地块商业布局、开发时序、合作模式、产品定位、经济测算的专业意见。

在谋划股权转让模式时，为确保新津站 TOD 综合开发的品质，新津与法律顾问、西南联交所以及上海、深圳等城市 TOD 实操经验丰富的专家进行了深入探讨，综合多方因素最终决定在股权转让时对受让方设置以下资格条件：一、受让方或其控股股东应具有房地产开发一级资质。二、受让方或其控股股东最近两年连续进入中国房地产开发企业排名 20 强，或最近两年连续进入中国房地产开发企业商业地产运营 5 强（以中国房地产业协会官方网站数据为准）。2019 年 12 月 19 日，西南联交所按程序于 14:00 组织了网络竞价，万科、中粮、中南等企业通过 88 轮竞价，最终由位列全国地产第 17 位、商业地产运营第 5 位的中南置地以 47 843.18 万元报价获得 1 号地块开发 66% 的股权。此次股权转让增值幅度为 4 400 万元，溢价率 10.13%（折算平均楼面价约 4 075 元 /m^2）。

股权转让顺利完成后，1 号地块开发项目的合资公司“新津城南花源置业有限公司”（中南置地占股 66%，新津城投占股 34%）迅速成立，并将本项目定名为“智在云辰”。2020 年 3 月 23 日，成都新津站“TOD+5G”公园城市社区示范项目一期——“智在云辰”项目开工，时任成都市委主要领导出席了开工仪式。

新津站“TOD+5G”公园城市社区示范项目一期地块

中南“智慧+”生活场景

5.1.2 产品设计

“智在云辰”项目占地 104 亩、总建筑面积 17.8 万 m^2，其中商业占地 30 亩、建筑面积 30 147 m^2，住宅占地 74 亩、建筑面积 147 837 m^2；项目总投资 23 亿元。在前期研究和城市设计中，明确了新津站 TOD 要探索以“物理 + 数字”双开发模式打造“TOD+5G”公园城市社区，智在云辰作为首个示范项目，新津政府 / 城投、顾问团队与中南置地及其产业链上下游合作伙伴共同谋划、紧密协作，确保项目朝着预设方向推进，最终将智在云辰打造成依托 BIM+5G+ 阿里云，集 5G 场景展示、科创空间、未来社区于一体的公园城市社区示范单元。

为实现以上目标，项目各方付出了多方面的努力，进行了多维度的探索创新，主要包括：

一是构建多元创新空间，阿里云助力地产带动生态经济圈。创新引入未来社区理念，借助阿里云技术，强化公园城市理念在“TOD+5G”开发模式中的探索，为未来社区提供要素保障；采取互联互通的交通方式，强化 TOD 核心区地块间的融合，采取二层连廊、地面步行、地下通廊等形式，打造立体交通体系；结合街道一体化设计理念，让 Trans Mall 和社区景观有机融合，增加更多公共空间；打造物联网产业新津基地，生活科创 + 智慧科创 + 创新科创，以创新带动社区持续发展；以多元创新空间激发创新活力。

二是打造“智慧 +”生活场景，5G、AI、阿里云共同带来全新体验。配置智慧物业、智慧健康、共享空间和智慧安全，全面提升青年科创人群生活品质；配置共享会客厅、共享餐厅、共享健身、共享洗车等活力空间，公共服务配套多元素叠加，实现社区内外开放共享；配置 5G 主题餐厅、盒马生鲜、5G 未来酒店、智能家居线下体验店等智慧场景，满足生活、商务、娱乐全方位需求。

三是建设“数字人 +”公园城市网络，打造全开放式未来社区。结合片区绿地、绿廊，融合主题社区公园 + 市政公园，构建城市公园网络，践行公园城市开发理念；引入视频 AI 算法追踪识别安全码，实时追踪安全预警，人人都是“数字人”，为健全政府综治体系提供新的路径。

5.1.3 销售情况

2020 年 6 月 11 日，智在云辰首期项目开盘，成为成都最早实现销售的 TOD 示范项目，市场反应远超预期。

智在云辰项目首期开盘销售前，周边楼盘房价在 9 000~10 000 元 /m^2。开发团队在充分市场调研的基础上，结合月销售流速，拟定了首期 12 470 元 /m^2 均价的定价，其中精装备案价 2 600 元 /m^2；2020 年 6 月 17 日，结合市场需求，加推 1 栋，126 套，均价 12 700 元 /m^2。首开共推售 7 栋楼，共 768 套，累计实现销售 609 套，去化 79.3%，累计销售金额 7.5 亿元，达到新津历史以来的单月最高销售额，创区域单项目首开去化纪录，成为新津区域购房者最认可的楼盘。

购买客群为以 26~46 岁为主的初次置业的年轻人及二圈层、二级城市的投资客群，其中以双流、武侯、成南华阳等刚需首置首改客户为主，占比 45% 左右；省内二级城市及中心城区限购投资客户占比 50% 左右，新津本地客户占比 6% 左右（新津老城与花源乡镇）。

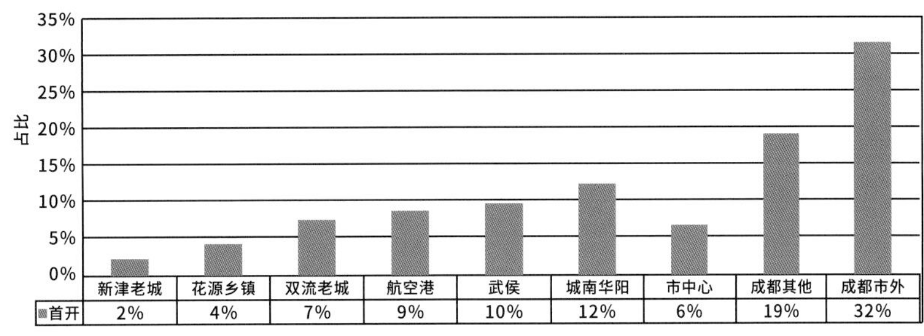

智在云辰购买客群分布

从购买动机来看，前三的因素分别是智慧社区、地铁出行的交通便利以及新津+TOD 的发展潜力，占比分别为 29%、24% 以及 18%。说明智慧社区对于购买者有较大的吸引力。

即使在新冠疫情的背景下，智在云辰项目精装住宅也于 2021 年 12 月 17 日实现交付，比预计提前 195 天（原计划 2022 年 7 月 1 日交房）。总业主 1 452 户，具备交付资格的有 1 423 户，截至 2022 年 3 月累计收房 1 091 户，收房率为 77%。

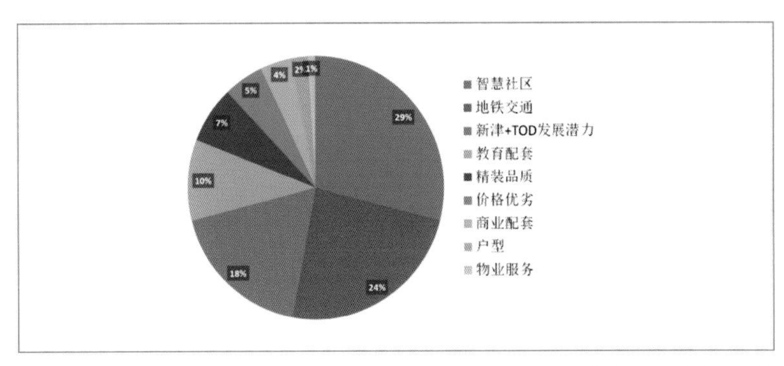

智在云辰购买动机分析

智在云辰产业载体

CHINA TIANFU MUSHAN

5.1.4 经验总结

从开发项目落地角度而言，新津站 TOD 是成都推进速度最快的 TOD 示范项目，智在云辰也成为当时的 TOD“网红盘”。立足于项目自身，主要有以下经验以及遗憾值得总结：

一是坚持 TOD 全局观，提升方案设计。在 2018 年新津站 TOD 成为当年成都市推进的 14 个 TOD 示范项目之一后，新津启动了全面深入的前置研究以及一体化城市设计，虽然 1 号、2 号地块已经出让，控规指标无法再做调整，但因其地处新津站 TOD 最核心位置，且相对其他地块而言具备最先开工的条件，因此这两个地块的详细物业组合、空间形态和建筑风貌一直被当作规划设计的重点，进行了多轮研究论证。对于规划指标已经确定的地块而言，需将自身置于整个 TOD 片区的整体功能和空间结构中，对产业导入策略、细分物业组合、建筑空间方案、分期开发时序和合作开发模式等进行深入研究，才能不辜负因轨道交通、产业发展等外部条件变化所带来的重大机遇和能级提升，最大化提升项目价值。

二是坚持目标导向，选择合作模式。1 号、2 号地块的开发权早就由新津城投获得，若从区县自身短期利益出发完全可以借 TOD 东风快速自行开发。但新津一方面确定了要将新津站 TOD 打造成公园城市 TOD 完美典范的远大目标，另一方面明确了区属国有公司要通过参与 TOD 开发加快从“城市建设方”向“城市运营商”角色转变的发展计划，因此率先采用了市场化运作效率较高、遴选程序阳光透明、回收成本较快、有利于项目价值最大化提升的社会资本控股操盘的合作模式，同时在出让股权及比例时也设定了国有资本一票否决的“防火墙”，事实证明取得了非常好的效果。

三是坚持招商前置，充分调研沟通。新津首先通过 TOD 前置研究明确开发方向和推进路径，然后在一体化城市设计阶段重点针对终端客户需求、市场接受程度、分期开发策略等与潜在合作伙伴进行充分的沟通互动，此举一方面提升了 TOD 规划设计方案的落地性，更为重要的是增强了新津政府与潜在合作伙伴之间的相互了解和信心，为吸引对 TOD 有专业、有情怀、有追求的潜在合作伙伴夯实了基础。

四是坚持创新初心，共同探索实践。无论是“TOD+5G”公园城市社区还是“物理 + 数字”双开发模式都极具创新性，国内外没有可以直接照搬的经验，市场上也有大量戴着“智慧”帽子但有名无实的项目。新津一方面通过提要求、审方案等措施坚持真实创新底线，另一方面与中南置业充分沟通，坚定目标和信心，一起整合各方资源，共同找问题、想对策，真正形成利益共同体，携手前行，共享创新成果。在新津站 TOD 之前，中南置业尚未真正涉足 TOD 领域，通过智在云辰项目，中南置业一举打响了 TOD 品牌，在打造“TOD+5G”公园城市社区产品上的额外投入，最终也都在市场上获得了丰厚回报。

五是坚持未雨绸缪，加强轨道对接。成都地铁 10 号线二期于 2016 年就开始建设，当时并未充分考虑车站及场段的综合开发。新津在 2018 年组织开展 TOD 前置研究时，首先就针对新津的 7 站 1 场从综合开发角度提出了场站设计的优化建议，但大部分建议因为错过优化窗口期等未能实现，留下一定遗憾。在未来新线 TOD 项目开展时，区县级政府一定要未雨绸缪开展 TOD 前置研究，尽早为轨道设施设计优化提供 DOT 建议及站点与地块开发的对接条件，同时要加强与市轨道集团对接的主动性和协调力度，成立 TOD 联合工作组，尽可能落实设计优化建议，为未来 TOD 开发提升物理基础。

5.2 Tianfu Future Center
天府未来中心（新津站“TOD+5G”公园城市社区示范项目二

天府未来中心效果图

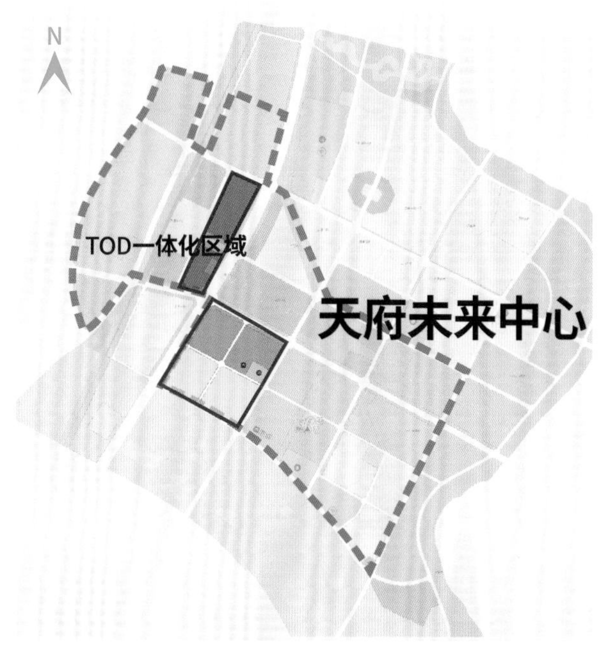

新津站“TOD+5G”公园城市社区示范项目二期地块

5.2.1 项目历程

新津站“TOD+5G”公园城市社区示范项目二期包含6号、7号、11号、12号、20号、21号共6个地块，根据成都市相关政策，由成都轨道集团主导开发。新津在智在云辰项目引入社会资本实施股权合作开发的模式得到成都市的肯定和推广，对于这6个地块，新津与成都轨道集团商定：由双方成立的合资公司按照《成都市人民政府关于轨道交通场站综合开发的实施意见》(成府函〔2017〕183号)相关要求和程序先行获得开发权，然后再将合资公司66%的股权通过西南联交所平台公开交易转让给社会资本。

2019年11月27日，新津轨道城市发展有限公司(新津城投占股49%，成都轨道集团占股51%)通过带条件招拍挂方式取得6号、7号、11号、12号地块土地使用权，之后又以同样方式取得了20号、21号两个地块的土地使用权。

为确保开发品质，股权出让要求所设定的受让方基本条件为：一、资质条件，受让方或其控股股东应具有房地产开发一级资质且上年度排名中国房地产开发企业综合实力前50强或商业地产综合实力前30强(以行业权威排名为准)。二、信用条件，合作方主体信用评级不低于AA+级(以国内权威评级机构出具的评级报告为准)。三、财务条件，截至2019年度12月31日，合作方经审计的财务报表净资产不低于人民币100亿元(或等值金额的外币)。2020年12月4日，新津轨道城市发展有限公司66%的股权通过西南联交所公开交易，经过13轮交替竞价，最终旭辉以42 271.38万元报价成功拿下。此次股权转让增幅度为1 200万元，溢价率2.92%。旭辉集团具备一级房地产开发资质，主体信用评级为AAA，2019年位列中国房地产开发500强第14位。

2021年5月14日，新津站“TOD+5G”公园城市社区二期示范项目启动仪式在天府牧山数字新城举行，项目被命名为“天府未来中心”。

CHINA TIANFU
MUSHAN
BURBERRY

5.2.2 产品设计

天府未来中心共涉及6宗地块，合计356亩，其中商业用地2宗，面积约103亩，容积率分别为2.6和2.5，建筑面积约18万m^2，将为新津站TOD片区提供总部办公、高端商务等产业综合配套。4宗住宅用地修建高层和洋房，结合特色社区商业，创建活力公园社区。并采用智能化系统架构打造TOD公园城市智慧社区。2宗商业地块汇聚旭辉瓴寓、城市酒店、农博集市、旭辉里商街和商业办公等业态，打造商务聚能中心。

新津TOD建设效果图

CHINA TIANFU
MUSHAN

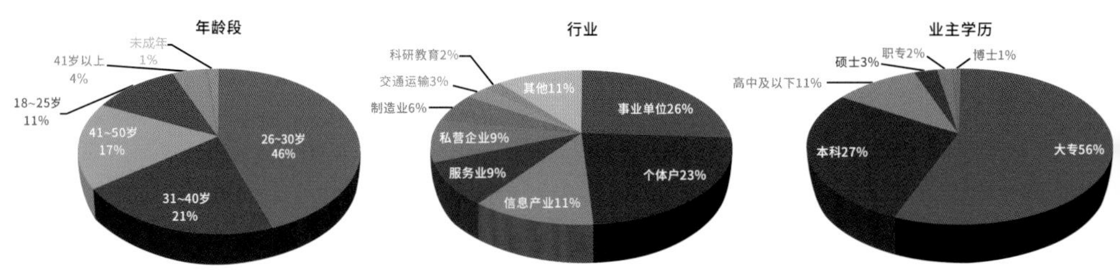

客群结构分析

5.2.3 销售情况

2021 年中，包括成都在内的全国多个城市第二轮土拍出现波动，房地产不确定因素增加。在此背景下，天府未来中心于 2021 年 8 月 30 日首批次取证 222 套，销售均价为 15 130 元 /m^2，项目取得了首开当日售罄的良好开局。9 月 16 日、10 月 1 日两次加推均取得了 60% 以上销售率的好成绩，在区域市场上引起了重大反响。

从客群分布来说，成都市内客户占比 70%，其中以双流区、武侯区、天府新区和高新区为主；市外客户占比 12%，以达州、南充等地迁入成都安家居多，达到了吸引区外人口的目的。

从客群分析来说，年轻的高学历人群占有较大的比例。在客户年龄指标上，成交客群中以年轻人（年龄为 40 岁以下）为主力，占比达 78%。其中 26~30 岁的年龄区间占比最高，达到了将近一半的比例。在学历指标上，90% 以上的客户为大学学历。

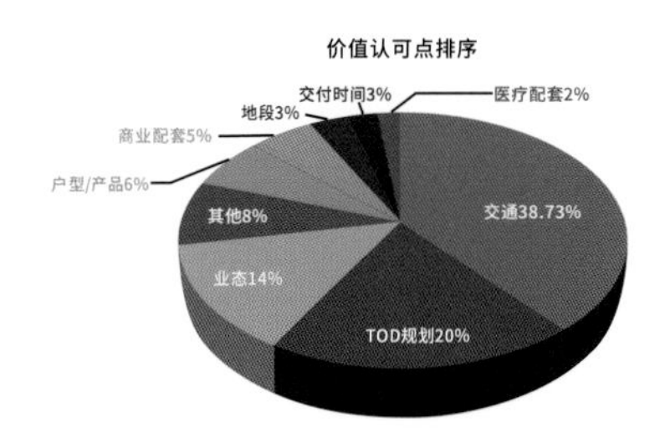

在客户职业指标上，事业单位、个体户及信息产业排名前三，达到了 60%。

从置业目的来说，客户购买目的主要以刚需自住为主，占比将近 50%。投资兼自住的比例为 40%。对于项目的主要认可点在于便捷的交通、TOD 片区规划以及综合体复合业态，占比分别达到了 39%、20% 以及 14%。

5.2.4 经验总结

天府未来中心的成功是在成都房地产市场受政策调控影响出现波动以及成都 TOD 示范项目同时间放量推向市场的情况下取得的，主要有以下经验值得总结：

一是坚持利益共同思维、市 / 区协力提升项目吸引力。新津与成都轨道集团成立合资公司成为利益共同体，发挥各自优势推进项目，一方面是市轨道集团的加持，另一方面是一期示范项目的成功，大大增加了项目招商的吸引力以及市场对新津发展前景的信心。对于市、区合作开发的 TOD 项目而言，一定要突破“零和游戏”与“争蛋糕”思维，双方要坦诚合作、构建城市利益共同体，充分发挥各自优势共同“做大蛋糕”，完全可以达成多赢局面。

二是坚持动态发展思维、持续创造新的发展机遇。新津在智在云辰开工之日，就将视野拓展至更大范围，在市政府的支持下成功将天府牧山数字新城 84 km^2 升级为成都最年轻的功能区。对于新津站“TOD+5G”公园城市社区而言，是在原来 TOD 和撤县设区带来的红利上叠加了产业功能区和数字经济的机遇，大大提振了市场对新津站 TOD 的发展信心。中国的城市化尚处在快速发展阶段，轨道对城市尤其是新城发展能带来多大影响很难预测，在此背景下，一方面 TOD 规划一定要有前瞻性，另一方面具体开发实践要坚持动态思维，根据落地情况不断总结，同时争取创造或把握新的发展机遇，实现滚动螺旋上升式发展。

三是坚持探索创新，久久为功，不断升级迭代。天府未来中心项目作为“TOD+5G”公园城市社区二期项目，对“物理 + 数字”双开发进行了升级迭代：一是将 BIM 技术应用于项目规划、建设、交付三个阶段。在规划阶段，将 BIM 平台应用于设计、规划、方案、施工图全过程，有效提高设计质量，力求做到所见即所得；在建设阶段，采用 BIM 智能施工现场施工措施建模及工程量统计，做到不浪费，响应节能减排的号召；在交付阶段，将 BIM 模型移交至物业管理及地理城市系统，创建智能物业管控及完善片区智能城市信息采集与搭建。二是 5G 赋能，在商业地块引入综合体智慧楼宇系统，包含智慧商业综合体、智慧综合办公、智慧综合酒店、BA 与智慧照明控制等；在住宅地块植入旭辉与阿里联合开发的 HUMAN2.0 智能化六大体系——便捷通行、全域安全、社区交互、智慧家居、居家健康和绿色社区，打造未来智慧社区系统与体验。对于创新发展业态和创新合作模式而言，推进路径和工作方法至关重要，小步快进、根据实践效果不断丰富完善、迭代升级，才能最大程度减少试错代价。

天府未来中心实景

天府牧山数字经济产业园效果图

5.3 Digital Economy Industrial Park 数字经济产业园

（新津站“TOD+5G”公园城市社区示范项目三期）

5.3.1 项目历程

数字经济产业园项目所在的 2 号地块约 132 亩，容积率≤ 2.5、建筑密度≤ 40%、绿化率≥ 25%，位于新津站 TOD 心脏位置，纯商业用地属性，是新津站 TOD 中重要程度最高、近期财务收益最低、开发难度最大的一块土地。

在前期洽谈过程中遇到如下诸多困难：一是新津站 TOD 作为郊区新城型 TOD，尚不具备支撑大型商业综合体的人气；二是本地块是纯商业属性，无法通过住宅开发平衡项目财务指标，社会资本重资产合作的意愿不强烈；三是新津站 TOD 是天府牧山数字新城的核心、整个新津未来的新城中心和城市客厅，2 号地块作为数字微城的最核心地块，新津对其开发方案的决策慎之又慎。

在面临上述挑战的同时，2 号地块也迎来新的发展机遇：一是“TOD+5G”公园城市社区示范一、二期项目十分成功，各方均看好新津站 TOD 的发展；二是天府牧山数字新城和核心区数字微城的蓝图越来越明确，“物理 + 数字”双开发路径越来越清晰；三是新津站 TOD 片区的公服配套逐渐到位，数字经济产业引育生态也初步形成。

在此背景下，新津针对 2 号地块采取全线的合作开发思路：一是就商业开发的业态、建筑形态和分期开发时序征询多家潜在合作伙伴（均为头部企业）意见，形成开发落地方案；二是由新津城投通过代建代运营的方式与头部企业合作开发、运营；三是先期进行产业载体的开发，聚焦示范产业项目、示范数字场景的快速呈现；四是根据企业入驻和居住人口导入的情况，择机进行商业综合体的开发。

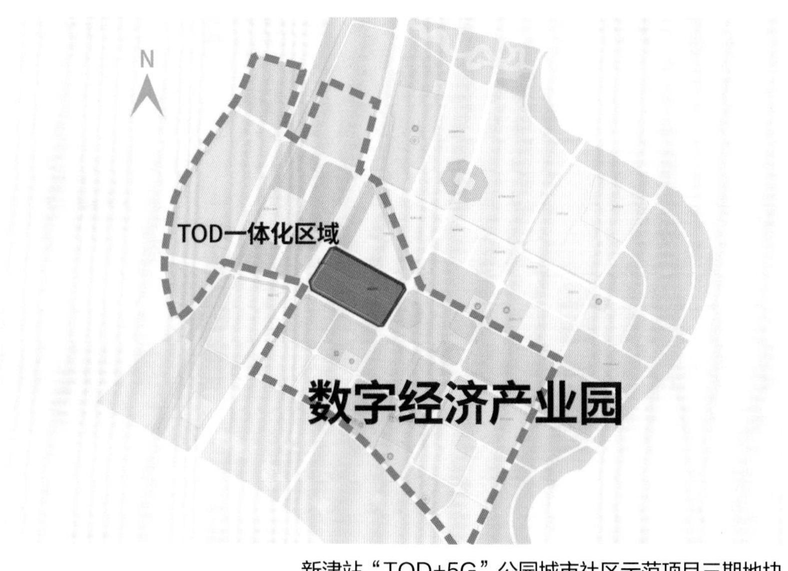

新津站“TOD+5G”公园城市社区示范项目三期地块

天府牧山数字经济产业园效果图

5.3.2 产品设计

天府牧山数字新城数字经济产业园项目包含核心示范区项目、配套道路建设、周边环境提升、人行通道天桥、智慧路灯及信号灯改造、成都市石笋街小学新津分校以及天府牧山数字新城基础设施项目一期等子项目。建筑面积约 28 万 m^2（地上建筑面积约 21 万 m^2，地下建筑面积约 7 万 m^2），包括研发办公、CIM+产业示范场景、商业、城市会客厅等产业载体，以“生态”“文化”“多元”“体验”“年轻”五大标签为基础，升级公园城市的商业模式，引进特色产业，打造多元消费场景。

项目以“超级甲板，超级链接”为建筑设计理念，采用环形车行流线，在商业内街二层连廊与地铁站连接形成“超级甲板”，将各功能串联，形成无缝连接的慢行空间，分期实施植入智慧商业、智慧办公等智慧场景。该项目计划 2022 年 4 月开工，预计 2026 年 4 月竣工。

5.3.3 推进体会

数字经济产业园项目还未开工，从前期工作推进角度，有以下体会：

一是核心商业地块实施方案研究必须深入。核心地块资源极其宝贵，持有型物业又是该 TOD 片区的“门面”和长期发展的引擎，如果未对目标客群、市场接受度、实施策略等做深入研究，宁愿先按兵不动，切勿匆忙推进项目。

二是科学选择开发时机与时序。对于郊区新城型 TOD，人口导入是掣肘商业综合体开发的最大问题。新津站 TOD 采用了先通过发展社区商业和其他配套设施满足入住居民刚需，核心商业地块采用产业载体与商业综合体滚动发展的策略，或可应对上述挑战。

三是合理设计开发组合与合作模式。商业开发的专业性强，对开发运营伙伴的要求高，反之，合作伙伴对合作条件的要求也非常苛刻。面对此状况，在最初设计开发地块组合和物业组合时，应提前考虑分期开发方案及各阶段的财务测算，尽量“骨肉搭配”。在合作模式方面，首选能够与城市合伙人长期绑定的模式，利益分配应与运营绩效挂钩。

5.4 Railway TOD of Xinjin South Station 新津南站铁路 TOD

新津从 2018 年启动 TOD 工作之初就确定了“全域 TOD+”的战略，除了聚焦新津站 TOD 示范项目的推进外，还同步开展了其他点位和交通模式 TOD 的前置研究，并且根据实际情况有序推进。

5.4.1 项目历程

2019 年初，川藏铁路选线规划设计工作开始，新津敏锐地认识到这是另一个重大发展机遇，未来可以极大带动新津南部地区的发展，便着手积极争取川藏线在新津设站，并聘请顾问单位启动了前置研究。因川藏铁路工程尚处于较早阶段，前置研究随着工程进展分阶段推进：

2019 年 3 月，《川藏线新津段选线及 TOD 战略研究》完成，该研究从有利于新津城市发展的角度与川藏线设计单位一起沟通互动，对川藏线新津境内的线站位选址、敷设方式提出优化建议，避免铁路建设常见的仅考虑交通运输功能、对城市发展形成割裂的问题。川藏线最终确定利用成绵乐城际铁路新津南站设站，前置研究针对铁路 TOD 特点，提出了新津南站站城融合、产城融合的发展方向，同时建议考虑与眉山及天府新区联动发展，以及未来铁路公交化运营带来的发展机遇。

2020 年，成都加快推进成渝地区双城经济圈和成德眉资同城化建设，在第一阶段研究的基础上，顾问单位完成了第二阶段《新津南站 TOD 开发定位及站城一体初步研究》，从铁路公交化、成眉一体化、区域产业转型升级等多维度进行评估，取得了川藏线新津南站的车站设计优化方案、土地资源筛查以及站城融合提升战略等初步成果。

2021 年 8 月，根据国家科技部批复的《国家川藏铁路技术创新中心建设方案》，按照世界级科技创新平台的定位，促进川藏铁路重大科技成果转化和应用，在四川天府新区科学城建设川藏铁路创新中心研发基地，在新津天府智能制造产业园布局川藏铁路技术创新中心产业基地，基地选址与新津南站 TOD 片区隔江相望。面对这一重大机遇，新津在原新津南站 TOD 规划的基础上扩大范围，迅速提出“川藏－高铁创新港”的策划方案，推进天府创智湾、新津南站 TOD 与川藏铁路技术创新中心产业基地产城融合联动发展。

川藏－高铁创新港策划概念

5.4.2 推进体会

新津南站 TOD 的开发虽未实际开展，但前置研究的效果已逐步显现，主要有两方面的推进经验值得总结：

一是未雨绸缪，争取先机。在市政府未要求区县开展铁路 TOD 研究时，新津提前启动了新津南站站城融合的研究工作，为日后快速响应成德眉资同城化建设、高铁公交化运营等要求奠定了基础，也为争取示范项目、产业落位赢得了先机。

二是分段研究，逐步推进。TOD 研究必须提早启动，但研究内容和深度以及开发项目推进必须与轨道工程进展及片区开发条件相匹配，否则会陷入研究成果无法落地、浪费研究经费的窘境。新津南站 TOD 研究，采用了“统一招采、按指令分阶段开展”的做法，每一阶段的研究内容和深度以稳定下一阶段工作边界条件为标准量身定制，取得了较好成效。

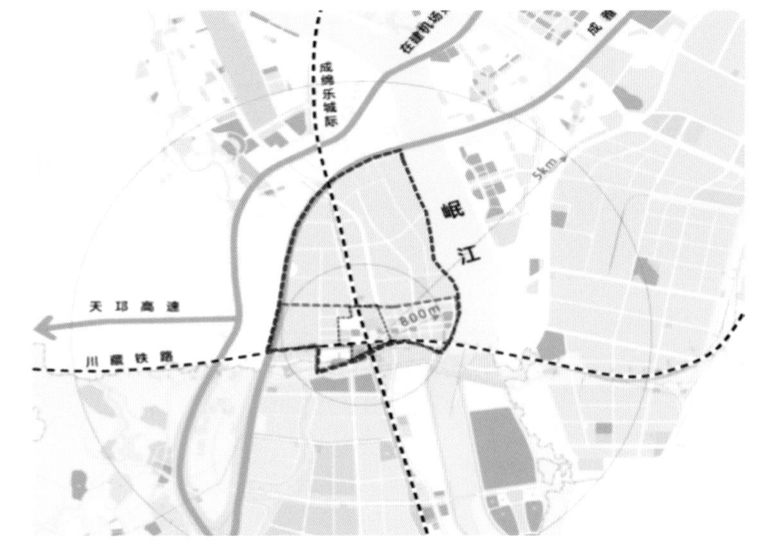

新津南站 TOD 区位

5.5 Bus TOD of Old Wharf Terminal 老码头公交 TOD

老码头公交 TOD 真实场景意向图

5.5.1 项目历程

因新津近期只有地铁 10 号线开通，其他轨道线路全都尚未纳入建设规划，新津在最初的前置研究中专门针对常规公交场站 TOD 开展理论研究和规划设计，创新提出了依托公交 TOD 打造“公交枢纽 + 邻里中心”，在新津形成“轨交 + 公交”双轮驱动全域 TOD、构建完善城市和社区节点的格局，同时亦可促进新津区公交公司的可持续发展。

2020 年 4 月，顾问团队完成了《新津公交 TOD 专题研究》，建议了公交 TOD 开发模式和先期示范项目。2020 年 7 月，新津与成都市公共交通集团签订合作协议，此次合作协议的签订，把成都市新津区作为成都市公交集团的重点发展地域，开发公交 TOD 综合开发相关业务，全面提升公共交通出行品质，赋能 15 min 公共服务圈，增强社区经济活力，助力区域高质量发展。2022 年 3 月，招引同济大学建筑设计研究院作为新津老码头公交 TOD 项目设计单位。2023 年 3 月，老码头公交 TOD 项目由成都新津城市产业发展集团牵头开工建设。

老码头公交 TOD 是最新启动的新津公交 TOD 试点示范项目，探索实施以公交场站为导向的城市综合开发，塑造集“公交枢纽、社区服务、特色商业”于一体的多功能城市综合体。该项目拟建社区商业建筑面积 37 700 m^2，配套公交集中停靠站 9 个车位及社区公服用房 2 300 m^2，地上社会停车场车位 219 个以及地下机动车位 240 个，其中包含人防车位 120 个、地下非机动车位 401 个。

5.5.2 推进体会

老码头公交 TOD 项目推进已取得阶段性进展，有以下两方面体会：

一是量身定制策略，不可简单照搬。新津在研究公交 TOD 时，成都全市的轨道交通 TOD 正在轰轰烈烈地推进，有不少顶层设计政策和项目操作模式可以借鉴。新津通过对国内外公交 TOD 案例的仔细分析研究和调研考察，从底层逻辑、站点能级、辐射范围、开发业态、合作模式等各个方面分析了公交 TOD 与城轨 TOD 的差异点，明确了“公交枢纽 + 邻里中心”的定位以及以公服配套为主的业态，并结合区级政府主导的特点选择了合适的合作开发路径。

二是审慎选择试点，集中力量突破。新津公交 TOD 针对整个公交线网进行了全面梳理，尤其在试点项目的选址方面，进行了多轮研究和论证，最终选择周边社区发展相对成熟的老码头作为首个试点项目。对于公交 TOD 而言，由于其主动带来的发展能级较低，加之新津地处郊区，因此试点项目选址采用了与城轨 TOD 不同的策略，在探索类型上也与新津站 TOD 形成互补。

5.6 "TOD+Urban Renewal" of Wujin Station
五津站"TOD+城市更新"

五津站片区更新单元实施效果图

5.6.1 项目历程

五津站位于新津老城中心，在 2018 年新津最初启动的地铁 10 号线新津段 7 站 1 场前置研究中，五津站就明确了“TOD+ 城市更新”的定位，但由于牵涉到旧改和拆迁议题，站点周边可供综合开发的土地资源有限且不连片，因此短期内无法实施。

2020 年 4 月，市政府出台了《成都市城市有机更新实施办法》，对城市有机更新工作提出了新的要求；2021 年 2 月，成都市委在两会期间印发了《关于实施幸福美好生活十大工程的意见》，要求以满足人民日益增长的美好生活需要为根本目的，从市民和企业反映最强烈、最迫切的领域着手。作为从传统县城形态向都市新区形态转型的新津区来说，城市有机更新就是最大的民生工程，新津在第十五次党代会中明确了以城市有机更新理念推动游河心片区改造提升，建设标志性的五津长岛，并以五津长岛为核心引爆点，带动地铁 10 号线沿线的五津站、儒林路站、刘家碾站等节点，形成“一核一带多节点”的城市有机更新格局，创造有品质感的“津致生活”，让老城居民更有获得感和幸福感。

2021 年底，新津先后启动了《五津站片区更新单元实施规划》和《五津站 TOD 专项规划研究》编制，分别侧重城市有机更新以及从五津站 TOD 项目推进角度开展策划规划和工作推进，目前已完成初步方案。

5.6.2 推进体会

一是结合地铁统筹实施、政策叠加促进平衡。城市更新难度大是所有城市面临的挑战，一方面，对于郊区老城中心的 TOD 项目而言，受制于土地价值不高且区县政府财力有限，更加难以实施；但另一方面，如不能适时推进老城区的 TOD+ 城市更新，不但老城居民欠缺获得感，未来拆迁成本也会因地铁开通快速增加，导致实施难度更大。结合其他城市经验，未来可考虑结合地铁新线建设与轨道集团及社会资本合作开发，通过与轨道工程统筹实施降低拆迁及工程建设成本，同时将城市有机更新政策与 TOD 政策红利叠加，或可解决城市更新项目财务难以平衡的问题。

二是多管齐下提升规划，挖掘最大地铁红利。根据《成都市轨道交通场站一体化城市设计导则》，五津站被列为组团级别站点，对应的核心区 TOD 半径为 300 m。从建成区的站点周边土地开发角度看，300 m 范围并无不妥，但从轨道交通带动效应而言，应该充分考虑其辐射半径，通过延伸慢行系统、提升整体环境、结合公交 TOD 等多种措施，将轨道交通给老城带来的整体价值提升最大化、让老城居民的获得感最大化。整体价值提升后，未来亦可促进站点周边更大范围的城市更新。

新津是全省乃至全国首个系统研究并推进全域、全模式 TOD 工作开展的区县级城市，也是首个将“物理 + 数字”双开发模式应用于整个辖区范围、系统探索“公园城市 + 数字经济”发展的区县级城市。在上述项目实践所获得的宝贵经验和教训的基础上，新津总结出全域数智公园城市 TOD“物理 + 数字”双开发的战略策略和推进路径，形成工作指引并逐步编制与完善相关导则，将更为系统、有序地指导后续工作开展，朝着“数字赋能引育公园城市创新发展，打造新城市、新产业、新生活”的目标快速前进。

CHINA TIANFU
MUSHAN

5.7 LONGFOR Smart Construction 龙湖智慧营建

5.7.1 项目历程

在天府牧山数字新城 6 km^2 核心区，规划设计了一条基于 CIM 底座的城市轴线，建设“绿色生态 + 电子信息 + 活力休闲”区，打造公园城市智慧场景全景切片，植入“智慧商业、智慧办公、智慧游憩、智慧生活、智慧交通”五大应用场景。龙湖智慧营建项目位于 3E 轴 33 号地块，是智慧办公、智慧商业、智慧生活的主要呈现板块，也是新津“TOD+5G”最值得期待的地块之一。

2022 年 12 月，新津区城市产业发展集团通过公开拍卖的方式取得了 33 号地块的开发权。在前策分析研究过程中，发现土地开发面临几项挑战：第一，集团没有任何土地开发经验，该地块初始楼面价相对较高，贸然开发可能导致项目失败，无法收回投资成本。第二，集团没有智慧营建相关技术团队，在数字开发方面存在一定短板，无法做到“物理 + 数字”双开发协同。第三，受地产宏观市场影响，各地烂尾楼频出，购房者信心不足、预期转弱，此时集团自己下场开发，品牌和营销不强，对项目去化存在影响。

基于此，新津区城市产业发展集团确定的开发策略就是联合知名城市开发运营商，采取“代建 + 代销”的模式，实施 33 号地块开发，从而提升项目开发品质、节约开发成本、优化运营效率。其中，筛选合作伙伴的重要原则为：其一，合作伙伴数字建造能力突出，能够满足“物理 + 数字”双开发需求；其二，合作伙伴必须是全国 TOP10 的城市运营商，品牌影响力和营销推广力过硬。

在此条件下，龙湖龙智造脱颖而出，进入新津区城市产业发展集团视野，携手开启了 33 号地块“物理 + 数字”双开发探索之路。龙湖龙智造是龙湖生态体系内裂变出的智慧营造品牌，深耕数字建造领域多年，形成“龙智研策、龙智设计、龙智建管、龙智数科、龙智精工、龙智千丁”六大业务体系。

5.7.2 智慧营建

一是制定“数字开发”解决方案。明确项目不同工作阶段的智慧场景、所需植入的 IoT 设备及对项目数字建造、数字运维阶段的提效分析，实现项目“数字头部企业 + 硬软件供应商 + 设计单位”一体化的成果转化体系。二是搭建智慧建造协同平台。将项目进度风险、成本支付、招采供应、产品规划、项目营销等的阶段成果进行线上可视化展示，实时呈现项目建设期的动态指标及风险排查。三是打造数字化驾驶舱。通过数字建造驾驶舱平台，打通各主体和各层级之间的数据链条，使得信息收集、处理和分析效率更高，结果更准确，从而提高决策的效率和科学性，为项目建设一体化管理综合决策和统筹协调提供可靠、准确、及时的综合信息保障。四是数据赋能管理运营。积累形成数字建造的信息与数据资源资产，为项目后续的招商运维应用提供基础数据，实现精准营销招商，增加产业聚集能力，提升项目企业服务水平与效率。

5.7.3 产品设计

项目占地面积约 139 亩，住兼商用地性质，容积率 2.0，总建筑面积 25.76 万 m^2，其中地上建筑面积 19.09 万 m^2，地下建筑面积 6.67 万 m^2，结合片区上位规划，植入商业休闲、消费娱乐、智慧生活等功能，满足居民购物、娱乐、出行、休憩等多样化、高品质需求，引导资金、人口、商业等要素集聚，打造集住宅、办公、销商于一体的未来智慧社区和特色办公街区。其中，住宅定位以三房为主，控制面积、提升得房率；清水最大化做到 50%，降低总价门槛，与周边精装房形成差异化竞争；50% 精装房以价格优势吸引客户。长租公寓以开间户型为主，与人才公寓错位，且保证坪效最高。商业街区以社区小铺为主，主打社区生活配套，与新津站 TOD2 号地块的特色街区实现错位。

5.7.4 推进体会

该项目从拿地开始，到确定合作伙伴进场施工，有以下体会：

一是坚持商业逻辑、谋定后动。土地开发已然过了粗放式扩张阶段，“躺着赚钱”的时代一去不复返。新津在 33 号地块开发过程中，注重商业逻辑，在科学研判、精细谋划上下足功夫，尽可能地算好经济账，做好分析论证和风险防控，确定合理的开发策略和路径，有序推进项目实施，确保获得最大预期利益。

二是坚持联合开发、借势借力。对于中小城市而言，本地国有平台公司下场实施土地开发，经验不足、能力不够是现实挑战。在进退两难的形势下，新津选择与自身需求相契合、能力相匹配的知名城市开发商联合开发，借势借力、扬长避短，有效提升了项目品质、降低了项目成本、缩短了项目周期。

三是坚持智慧营建、数智赋能。数字建造是提升建筑品质和建设水平的重要驱动。新津携手龙湖龙智造，探索“物理城市 + 数字城市”双开发，依托“策规建管运”一体化应用系统，统筹项目全生命周期管理，推动城市开发建设从传统物理空间升维到数字孪生空间的协同规划、建设运营。

5.8 HUAWEI ALL IN ONE 华为全屋智能

5.8.1 项目历程

早在2021年，住建部就出台了《关于加快发展数字家庭提高居住品质的指导意见》，要求提升数字家庭产品消费服务供给能力。同年4月，华为全屋智能正式发布，推出“1+2+N”架构，开启了科技赋能“好房子”的“空间之门”。

2023年1月，住建部再次提出，要以努力让人民群众住上更好的房子为目标，从好房子到好小区，从好小区到好社区，从好社区到好城区，让城市更宜居、更韧性、更智慧。

2023年3月，国家层面出台的《数字中国建设整体布局规划》指出，“普及数字生活智能化，打造智慧便民生活圈、新型数字消费业态、面向未来的智能化沉浸式服务体验”。

对于好城区、好社区、好小区、好房子的营造，新津一直在探索。与住建部从“好房子”到“好城区”自下而上、从小到大推进思路不同的是，新津是自上而下、从大到小，从智慧城市向智能空间推进，彼此目标一致、殊途同归。

新津围绕“好城区”，联合广联达，打造城市数智中台；围绕“好社区”，联合云天励飞，打造智慧城管应用场景；围绕“好小区”，联合龙湖千丁，打造智慧物业场景；围绕“好房子”，联合华为终端，打造全屋智能应用场景。从数智中台，到智慧城管，到智慧物业，再到全屋智能，新津在建设上同步规划、同步实施，在治理上平台对接、一网统管，在数据上互联互通、实时共享，在产业上相互赋能、协同共生。通过此举，不仅让智慧城市建设达到了适宜的颗粒度，还打通了数据链条和治理平台，找到了数字家庭产业的生态伙伴，并形成一条清晰的产业新链条。

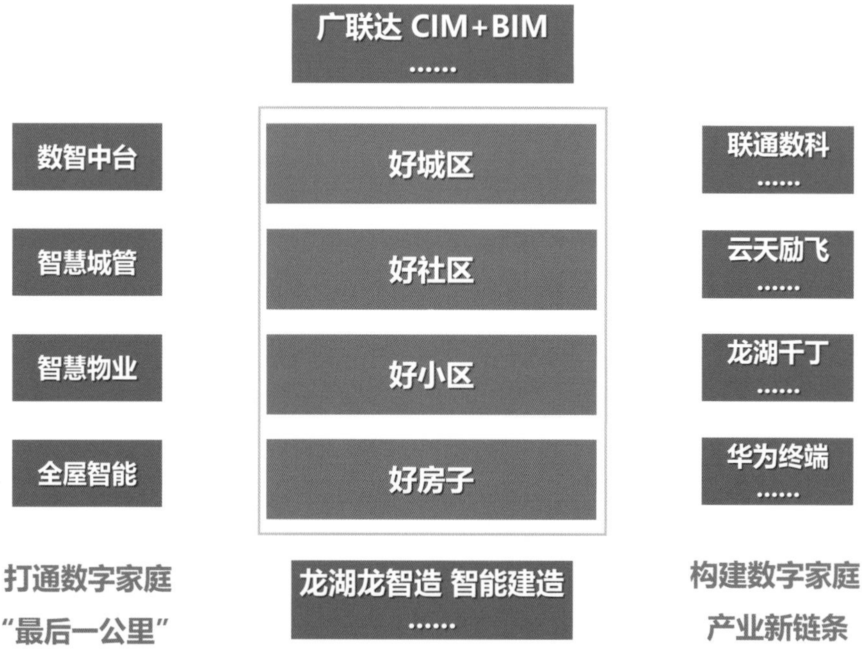

广联达 CIM+BIM
……

数智中台
智慧城管
智慧物业
全屋智能

好城区
好社区
好小区
好房子

联通数科
……
云天励飞
……
龙湖千丁
……
华为终端
……

打通数字家庭
“最后一公里”

龙湖龙智造 智能建造
……

构建数字家庭
产业新链条

数字家庭产业发展架构

全屋智能战略合作签约仪式

5.8.2 推进体会

2023 年 4 月 27 日，新津与华为终端在上海签署全屋智能战略协议，目的在于聚焦全屋智能硬件产业，以华为终端为龙头，链接华为鸿蒙智联生态，发挥新津智慧城市场景创新能力和示范应用带动作用，引进全屋智能行业上下游企业、生态产品公司落户。

这是一条从智慧城市建设走向智慧城市产业培育的过程。新津选择了全屋智能这一细分赛道，以产业的思维推动华为全屋智能项目落地。不仅提供应用场景，还出台产业政策，制定《成都市新津区关于加快现代建筑业高质量发展的若干措施（试行）》《促进房地产市场平稳健康发展措施》等相关激励政策支持产业发展；不仅打造一批项目，还编制建设导引，针对公服类住宅类、商业类主要应用场景编制全屋智能建设导引，包含学校、医院、住宅、办公、酒店等系列全屋智能建设导引；不仅释放合作机会，还强化资本招商，与成都高新区合作设立 10 亿元策源津智股权投资基金，投向与全屋智能相关的智能建造、智能硬件、电子信息、AI 智能等领域。

DIGITAL & PHYSICAL

CODE OF

TIANFU MUSHAN

DEVELOPMENT

VOL.V

工作指引篇

WORK GUIDE-LINES

新津构建了较为系统的公园城市战略、TOD 营城策略、“物理 + 数字”双开发模式的推进机制和工作流程，结合项目实践不断充实完善、进阶迭代，形成可供 TOD“物理 + 数字”双开发各参与主体参考的经验。

本篇为 TOD 片区“物理 + 数字”双开发工作指引，对 TOD 开发策、规、建、管、运全过程的物理开发与数字开发协同进行指导，明确各个环节中各主体的职责和工作重点。

6.1 Guidelines for Digital & Physical Development 双开发协同工作指引

6.1.1 指引背景

指引目的

立足新发展阶段，贯彻新发展理念，构建新发展格局，坚持以习近平新时代中国特色社会主义思想为指导，深入贯彻国务院批复的《成都建设践行新发展理念的公园城市示范区总体方案》，坚决落实成都市委、市政府关于智慧蓉城和 TOD 的决策部署，以 TOD“精明增长”为逻辑内涵，通过数字赋能引育公园城市创新发展，打造新城市、新产业、新生活，快速有序推进新津高质量建设与高效能治理“成南新中心、创新公园城”。

本指引适用于新津全域围绕轨道交通站点和公交场站 TOD 片区、以“物理 + 数字”双开发模式建设“TOD+5G”未来公园社区的综合开发工作，对城市建设全生命周期的 8 个环节，即顶层设计环节、城市规划环节、土地出让环节、方案审批环节、施工许可环节、项目施工环节、竣工交付环节和项目运营环节中的物理开发与数字开发协同工作进行实施指导。

名词定义

TOD 片区：本指引所称 TOD 片区，是指围绕城市轨道交通站点、高铁 / 城际枢纽以及公交场站进行 TOD 综合开发的区域。参考 TOD 圈层理论及《成都市轨道交通 TOD 综合开发战略规划》相关规定，不同类型和级别 TOD 的圈层划定如下：

范围	城市轨道交通站点			高铁 / 城际枢纽	公交场站
	城市级 / 区域级	组团级	社区级		
核心区半径 /m	500	300	300	500	100
辐射影响区半径 /m	800	800	500	800	300
研究范围半径 /m	1 500	1 500	1 500	5 000	500

TOD 片区综合开发：本指引所称 TOD 片区综合开发，是指以 TOD 片区为“物理城市 + 数字城市”双开发载体，以基础设施及公共服务设施引导、重大项目设施带动、人才安居配套、产业项目导入、数字经济培育为手段，投融资、规划、建设、管理、运营一体化的城市开发方式。

政府端：本指引所称政府端，包括相关政府部门、功能区以及区属国有企业。

企业端：本指引所称企业端，是指按照政府引导、市场主导原则选定的、进行 TOD 片区综合开发的社会资本，包括城市综合运营商、链主企业和数字科技企业等。

6.1.2 工作原则

各参与主体应本着“坚持策规引领”“坚持设计呈现”“坚持专业营城”“坚持合作共赢”四个原则，依法、规范、高效实施新津 TOD 片区综合开发工作。

（1）坚持策规引领。应按照国家战略指向、新发展理念、成都市以及新津区城市发展的总目标，以及区委、区政府对新津建设发展的总体要求，在各个 TOD 片区综合开发前开展策划规划综合研究工作，明确开发功能定位、与交通设施物理及时序接口、规划优化方向、城市设计边界条件以及工作推进路径。

（2）坚持设计呈现。应针对各个 TOD 片区综合开发开展一体化城市设计，以城市设计倒推控规指标优化、细化规划蓝图，确保 TOD 片区综合开发方案的合理性与可落地性。

（3）坚持专业营城。应坚持“政府主导 + 技术驱动 + 市场主体”原则，在 TOD 片区综合开发“策规建管运”各个环节充分尊重专业和市场，发挥智库作用，优先确定专业化企业的运营主体地位，建立分类、分区、分时段供给的公共服务体系，以便加强统筹、提高全生命周期效益。

（4）坚持共建共享。应坚持平台思维、生态圈理念，构建政府引导、区域合作、智库支撑、企业参与的数字经济发展“微生态”。打造初创型团队创新孵化、成长型企业转型壮大、头部企业快速聚集的机会场景和功能平台，为数字经济企业发展提供多元化场景，实现企业与城市同成长、同进步。

6.1.3 全生命周期流程管控

针对 TOD 片区以“物理 + 数字”双开发模式建设的“TOD+5G”未来公园社区项目，实施策、规、建、管、运“五位一体”全生命周期指导，对顶层设计、城市规划、土地出让、方案审批，施工许可、项目施工、竣工交付和项目运营 8 个环节进行全流程管控。基于“制度 + 技术”双轮驱动创新，“线上 + 线下”联动推进改革、“政府 + 社会”双向奔赴共赢的原则，制定“物理 + 数字”双开发总框架。

“制度 + 技术”双轮驱动创新：同时从制度和技术双维度开展创新。在制度方面，组建“公园城市 + 数字经济”领导小组，负责 TOD 片区“物理 + 数字”双开发的统筹指挥、工作督导以及物理开发与数字开发的相互协同；负责研究 TOD 片区开发重大规划、重大项目、重点工作和年度工作计划等重要事项。视需要，“公园城市 + 数字经济”领导小组可聘请外部专家智库提供专业支撑；成立区公园城市局作为 TOD 片区物理开发的城市规划前期工作牵头单位和城市建设前期工作牵头单位，在“公园城市 + 数字经济”领导小组的指引下，主要负责统筹“城市策划 + 规划研究 + 建设导引 + 市政建设”，组织编制片区城市设计，开展建设项目方案审查，参与项目促建、建设安全与质量监管等；负责组织编制新型城市基础设施建设导则，指导双开发建设；负责制定 CIM 规建管运相关导则、标准，将数字开发落实到物理层面。组建区数字经济中心、智慧治理中心、融媒体中心负责 TOD 片区数字开发的城市数字开发工作牵头单位和城市智慧治理工作，在“公园城市 + 数字经济”领导小组的指引下，负责“城市数字底座建设 + 数字开发 + 数字经济培育”；参与新型城市基础设施建设导则中智慧专篇审查，针对新城建细分领域梳理汇总新基建机会清单（数字新城将主要从智慧社区、智慧化市政基础设施、城市安全管理、城市信息模型平台 CIM 和城市综合管理服务等五大场景寻求新基建机会清单）；前置数字产业招商和运营需求，负责指导项目设计方案中新型智慧城市建设数字技术应用和场景营造的相关内容，促进数字产业招商；负责建设数字底座和集成相关数字化应用平台，负责制定数据底座技术标准。

“线上 + 线下”联动推进改革：除了在传统的工作流程业务方面进行改革创新，同时在线上开发“新政钉”“津政通”“CIM 基础平台”等应用，促进物理与数字深度融合。

“政府 + 社会”双向奔赴共赢：国有平台公司新津城市产业发展集团作为 TOD 片区“物理 + 数字”双开发中的物理开发实施推进主体，区数科集团全过程参与新津 TOD 片区“物理 + 数字”双开发工作；同时，招引城市合伙人发挥各自优势开展 TOD 片区各类数字场景项目的策划、投融资、设计、建设与运营工作，政府端和社会企业端共同开发，实现双向共赢。例如：城市综合运营商，参与 TOD 片区综合开发前期研究、负责具体项目的实施及推进工作；链主企业，参与 TOD 片区的数字开发顶层设计、数字城市底座和数据技术标准制定，参与 CIM 平台建设和运维，协助与数字企业对接协调，依法享受相关创新创业政策支持；数字科技企业，对 TOD 片区数字开发顶层设计、数字城市底座和数据技术标准从可操作性和产品运营等角度提出意见，孵化器类企业依法享受相关创新创业政策支持。

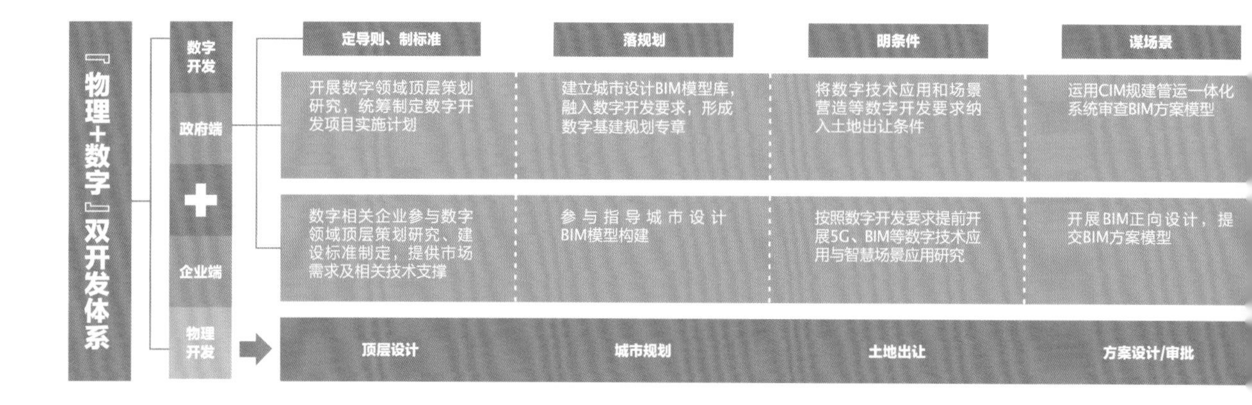

在新津TOD“物理＋数字”双开发的策规建管运全过程中，政府端与企业端在城市建设8个环节中主要的物理开发与数字开发协同工作内容如上图所示。对于各具体环节，所涉及主体的主要职责及管控要点如下：

顶层设计环节

顶层设计包含针对“一城两园一区”的整体性、平台性工作，以及针对各具体TOD片区综合开发的项目推进工作。政府端按照“物理＋数字”双开发理念，开展重要片区顶层策划研究，统筹制订项目实施计划，开展数字领域顶层策划研究，统筹制订数字开发项目实施计划。企业端参与相关技术支撑和片区顶层策划研究，提供市场需求及技术支撑，协助数字领域顶层策划研究，参与相关场景建设标准制定。

“公园城市＋数字经济”领导小组负责统筹“一城两园一区”重大规划、重大项目、重点工作和年度工作计划。

区公园城市局组织开展重要片区顶层策划及相关导则研究、项目实施计划等，负责构建“前置研究＋城市设计＋控制性详细规划＋专项规划”的片区综合开发策划规划体系；负责制定“物理＋数字”双开发系列标准及导则，含CIM标准体系总则和CIM导则体系（规建管运一体化系统技术标准、CIM规建管运一体化系统交付通用标准、新型智慧城市建设导则等）；负责构建CIM规建管运一体化系统。

区智慧治理中心组织开展数字领域顶层策划研究，统筹制定数字开发导则、建设标准等。

区规划和自然资源局负责分权限开放基础地理信息GIS系统，纳入CIM规建管运一体化系统，提供地形数据、地下管网、土地权属、现状控规等基础规划信息。

功能区负责围绕智慧城市“物理＋数字”双开发全流程，聚焦数字建造新赛道细分领域，编制形成产业链全景图、产业生态发展路线图和重点企业和配套企业名录表。

区数科集团负责从前期策划规划至后期平台管护运维，全过程参与新津“物理＋数字”双开发建设工作。

城市综合运营商参与片区顶层策划研究，提供市场需求及相关技术支撑，全过程参与项目“物理＋数字”双开发建设工作以及数字领域顶层策划研究，提供市场需求及技术支撑。

城市规划环节

政府端负责编制片区城市设计及相关专业规划，指导控规调整，建立城市设计BIM模型库，融入数字开发要求。企业端参与城市规划设计，提供市场需求及相关技术支撑，指导城市设计BIM模型构建。

区公园城市局负责组织编制具体TOD片区综合开发的一体化城市设计，除了传统城市设计所包含的总体定位、空间结构、景观风貌系统、公共空间系统、建筑群与建筑风貌、环境景观等方面内容外，一体化城市设计还需重点针对“TOD+5G”未来公园社区特点，研究交通换乘与慢行系统、产业发展、物业组合、分期开发策略，以及创新生产生活场景、智慧社区等内容，明确其控制及引导要求；负责一体化城市设计与前置研究、相关法定规划和专项规划的协同；负责拟定一体化城市设计中有关三维模型交付标准、城市规划数据/城市设计数据/基础地理信息数据的技术要求；负责牵头同步搭建城市设计BIM模型，建立城市设计BIM模型库，纳入CIM规建管运一体化系统。

区规划和自然资源局负责在安全权限范围内向CIM规建管运系统开放国土空间规划、控制性详细规划及专项规划数据，并实施更新维护；负责组织编制、审查相应的控制性详细规划调整方案，落实控制性详细规划调整工作。

区投促局/功能区定期开展城市价值推介，发布土地、产业载体招商清单。

城市综合运营商参与对一体化城市设计方案反馈意见，为片区城市设计、相关行业专项规划、数字开发等提供市场需求及技术支撑。

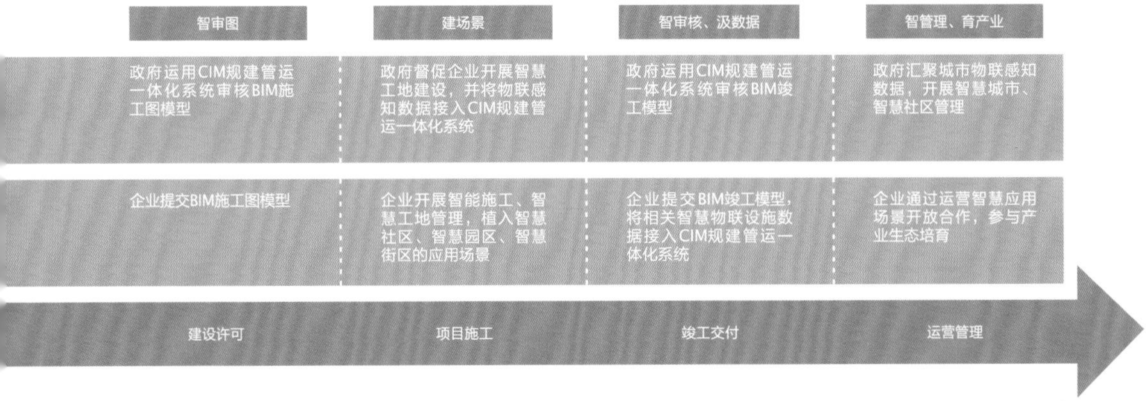

智审图	建场景	智审核、汲数据	智管理、育产业
政府运用CIM规建管运一体化系统审核BIM施工图模型	政府督促企业开展智慧工地建设，并将物联感知数据接入CIM规建管运一体化系统	政府运用CIM规建管运一体化系统审核BIM竣工模型	政府汇聚城市物联感知数据，开展智慧城市、智慧社区管理
企业提交BIM施工图模型	企业开展智能施工、智慧工地管理，植入智慧社区、智慧园区、智慧街区的应用场景	企业提交BIM竣工模型，将相关智慧物联设施数据接入CIM规建管运一体化系统	企业通过运营智慧应用场景开放合作，参与产业生态培育
建设许可	项目施工	竣工交付	运营管理

工作推进流程轴（物理城市建设 8 个环节）

新津 TOD“物理 + 数字”双开发策规建管运全过程政企协同

土地 / 股权出让环节

政府端负责编制土地出让建设条件，落实城市设计规划条件及公服配建要求，将数字技术应用和场景营造等数字开发要求纳入土地出让条件。企业端按照城市设计要求，提前开展项目定位研究，按照数字开发要求提前开展 5G、BIM 等数字技术应用与智慧场景应用研究。

区公园城市局对于计划实施 TOD 片区“物理 + 数字”双开发建设的拟出让或划拨地块，负责依据相关导则在《建设条件通知书》中提出 TOD 片区物理开发特殊要求（地块红线内步行连廊等公共设施建设运维、地下空间连通、小区开放管理等）和数字开发要求（应用 BIM 技术开展新型智慧城市建设的具体要求、CIM 导则中涉及开发地块的相关要求等），并纳入国有建设用地项目履约协议书。

区规划和自然资源局负责将《建设条件通知书》纳入土地出让条件。

区投促局 / 功能区负责在前期招商环节向意向企业明确城市设计的相关规划条件、产业要求、BIM 技术应用和新型智慧城市建设等相关要求。

城市综合运营商按照城市设计的规划要求，结合片区未来发展方向，提前开展项目定位研究、编制项目策划方案、梳理数字开发要求，提前开展 5G、BIM 等新型智慧城市建设数字技术应用与智慧场景应用研究。

方案审批环节

政府端负责运用相关导则、设计规范审查项目设计方案，运用 CIM 规建管运一体化系统审查 BIM 方案模型。企业端开展项目方案设计，落实城市设计等上位规划要求和开展 BIM 正向设计，提交 BIM 方案模型。

区公园城市局负责审查项目方案设计时，同步审查是否响应了 TOD 片区物理开发特殊要求与数字开发相关要求，并运用 CIM 规建管运一体化系统对方案 BIM 模型进行审查；负责审查方案设计数据成果交付是否符合要求。

智慧治理中心指导项目设计方案中新型智慧城市建设数字技术应用和场景营造的相关内容。

功能区管委会负责对接项目开发单位，根据项目方案梳理数字开发场景需求，对接数字建造生态企业梳理应用产品解决方案，搭建智慧城市数字开发供需对接撮合平台，创造智慧城市场景，梳理发布机会清单，引育数字经济企业。

城市综合运营商按照项目策划规划定位，开展项目方案设计，落实城市设计相关规划条件，开展 BIM 正向设计，提交 BIM 方案模型，落实项目数字技术应用和场景营造等数字开发要求。

施工许可环节

政府端负责针对政府投资房建市政项目，组织专业技术团队开展初步设计审查、运用 CIM 规建管运一体化系统审核 BIM 施工图模。企业端负责开展施工图设计，落实方案设计相关指标和提交 BIM 施工图模型。

区公园城市局负责要求开发单位在办理施工图备案前，先提交项目 BIM 施工图模型，通过 CIM 规建管运一体化系统进行模型审核，确认与经规委会审定的项目方案基本相符后，方可办理施工图备案及施工许可证。

城市综合运营商负责开展项目施工图设计、落实方案设计相关内容以及提交 BIM 施工图模型；在施工图设计中同步落实项目新型智慧城市建设数字技术应用和场景营造等数字开发要求。

项目施工环节

政府端负责开展工程招投标、质量、安全和预售的监管，督促企业开展智慧工地建设，并将物联感知数据接入 CIM 规建管运一体化系统。企业端负责开展智慧物联设备等新型智慧城市基础设施建设，以及开展智能施工、智慧工地管理，植入智慧社区、智慧园区、智慧街区的应用场景。

区公园城市局负责会同各功能区管委会督促开发单位按照成都市智慧工地平台标准进行组织建设，同时要求开发单位将智慧工地物联设施数据传入 CIM 规建管运一体化系统；负责组织对开发单位 BIM 技术应用情况进行抽查，检查开发单位是否根据实际情况对施工模型进行及时更新。

功能区负责协调项目推进中遇到的问题，做好项目促建工作并督促业主做好智慧工地建设及数据接入。

城市综合运营商开展项目主体结构建设，同步建设智慧物联设施设备等新型智慧城市基础设施以及智能施工、智慧工地管理，施工过程中同步植入智慧街区、智慧社区和智慧园区的应用场景。

竣工交付环节

政府端负责组织线下规划核实、并联竣工验收及备案，运用 CIM 规建管运一体化系统审核 BIM 竣工模型。企业端参与线下规划核实、并联竣工验收及备案，提交 BIM 竣工模型，将相关智慧物联设施数据接入 CIM 规建管运一体化系统。

区公园城市局负责对建设工程项目进行规划核实，重点审核开发单位 BIM 竣工模型和核实新型智慧城市建设成果；负责将 BIM 竣工模型纳入 CIM 规建管运一体化系统。

智慧治理中心参与核实新型智慧城市建设数字技术应用和场景营造成果是否符合建设标准。

城市综合运营商提供线下规划核实、并联竣工验收及备案等相关资料，提交 BIM 竣工模型，并将相关智慧物联设施数据接入 CIM 规建管运一体化系统。

项目运营环节

政府端负责进行房屋产权及物业服务管理，以及多元评估项目建设成效，汇聚城市物联感知数据，开展智慧城市、智慧社区管理。企业端负责开展智慧物业管理，并且通过运营智慧应用场景开放合作参与产业生态培育。

区公园城市局负责指导物业服务管理；收集项目运营数据，开展项目多元评估，用以指导城市策划研究，助力城市招商工作并负责 CIM 平台规建管运系统管理维护。

智慧治理中心依托“智慧新津”数字底座建设，会同各部门探索 CIM+ 智慧交通、CIM+ 智慧水务、CIM+ 智慧城管、CIM+ 智慧社区等场景应用。

功能区负责瞄准智慧城市、智慧社区运维等细分领域，通过场景开放，引聚数字经济企业，培育产业生态。

区数科集团负责后期 CIM 平台技术维护；探索利用 CIM 平台对项目实施数据双向交换，实现数字赋能；链接数字经济头部企业，探索智慧城市建设模式和解决方案。

城市综合运营商负责项目的后期运营管理、设施设备维护，开展智慧社区管理；应用 CIM 规建管运一体化系统开展载体招商，并基于智慧应用场景的建设与运营，通过开放合作引入数字领域上下游产业链企业，参与数字经济产业生态培育。

6.2 Guidelines for Experience Summarization 经验沉淀工作指引

6.2.1 指引目的

“TOD+5G”未来公园社区双开发中的数字开发，无论是场景、技术还是路径、模式，都是十分前沿的创新，必须边探索实践、边反馈总结，不断沉淀经验教训，同时对复用率高、容易标化的工作方法或产品服务研拟指引或导则，才能完善产品技术、形成打法模式、提升工作效率，进而更好更快地应对新的创新探索。

本指引旨在围绕天府牧山数字微城“物理 + 数字”双开发，尤其是数字开发工作的开展，对各类创新的经验沉淀提出工作要求，包括但不限于：数字基础设施、数字底座、智慧应用场景、终端用户需求等方面的推进路径、合作模式、产品技术的总结提炼与指引 / 导则编制，以期快速形成通用化、标准化、可扩展的产品与服务，同时明晰政府端与企业端的组织边界，提升组织协同效率，优化协作架构，为新津践行“成南新中心、数智公园城”战略升级赋能、为新津模式对外输出夯实基础。

6.2.2 工作原则

各参与主体应本着“坚持统筹谋划”“坚持实践反馈”“坚持复盘总结”“坚持合作共创”四个原则，规范、高效开展天府牧山数字微城“物理 + 数字”双开发工作。

（1）坚持统筹谋划。应按照新发展理念和国家、四川省、成都市以及新津区关于数字经济、智慧城市发展的总目标，以及区委、区政府对数字微城发展的总体要求，对数字微城各个涉及“物理 + 数字”双开发的项目开展策划规划综合研究工作，与数字微城共建生态中的相关合作伙伴共同谋划，梳理项目需求、拟定研发要求、厘清推进路径、商议定合作模式、设定职责分工、明确协作事项。

（2）坚持实践反馈。应针对各个数字基建、数字底座和智慧场景的“物理 + 数字”双开发项目成立专班，了解项目进展，参与项目问题讨论，将项目实际执行情况与项目预设目标、路径对照进行反馈，分析差异原因，寻找优化方案。

（3）坚持复盘总结。应坚持项目复盘与项目成效后评估，对产品技术、推进程序、落地成效、合作效率等方面的经验教训进行总结，梳理标准化工作方法和推进程序，完善组织架构和合作模式，组织编制工作指引或导则，形成培训课程等。

（4）坚持合作共创。应坚持平台思维、生态圈理念，针对创新技术和创新应用场景，构建政府引导、企业主导、智库支撑的共创共建、共享共赢的生态。共同探索实践与总结提升，按各自贡献共享创新成果，共同对外输出。

6.2.3 数字微城总体架构

天府牧山数字微城的总体架构为“四横两纵”：“四横”即用户层、微城智慧应用场景、微城数字底座和数字基础设施，“两纵”为建设标准与评价指标体系、信息安全保障体系。

在此总体架构下，数字微城将结合“TOD+5G”具体项目，朝着五个建设目标有序推进：全面感知——感知前端统筹规范，感知网络互联互通；数据应用——沉淀本地化数据，形成数据湖；智慧应用——适时推进定制化智慧应用工程；智慧场景——打造智慧化公共空间示范工程；智慧导则——形成具有针对性的标准规范和评价指标体系。

天府牧山数字微城总体架构

6.2.4 经验沉淀机制

职责分工

“公园城市 + 数字经济”领导小组负责统筹天府牧山数字微城重大规划、重大项目、重点工作和年度工作计划。

区智慧治理中心组织开展数字开发项目的前期策划规划，提出项目要求，组建前期谋划团队等。

数字经济研究院负责结合具体数字开发项目情况提出研发方向；参与数字开发项目全过程；组织项目复盘讨论；组织企业端共同编制数字开发工作指引、相关导则或研拟标准规范；牵头建立数字经济研究院培训课程，组织开展培训。

天府牧山数字新城功能区负责围绕智慧城市“物理 + 数字”双开发全流程，聚焦数字建造新赛道细分领域，编制形成产业链全景图、产业生态发展路线图和重点企业和配套企业名录表。

区数科集团负责从前期策划规划至后期平台管护运维，全过程参与新津“物理 + 数字”双开发建设工作。

企业端参与数字开发项目的顶层策划研究，负责提供市场需求及技术方案；按照事先商定的合作原则，主导或参与数字开发项目；项目开展过程中及时反馈、及时修正；项目完成后共同总结沉淀经验，参与工作指引、导则或标准编制；参与拟定培训课程，参与相关模块授课。

工作机制

在区委、区政府的领导下，天府牧山数字新城管委会统筹，会同各职能部门、企业端建立数字开发经验沉淀工作机制：

（1）天府牧山数字新城管委会应组织月例会、专题会、现场会等对数字开发经验沉淀工作进行监督。

（2）天府牧山数字新城管委会应要求数字经济研究院定期报告数字开发经验沉淀工作进展情况，并定期组织现场调研，对数字开发项目的执行及数字开发经验沉淀的工作进展等进行监督。

（3）数字经济研究院负责结合各数字开发项目，拟定经验沉淀的工作计划、组建专班并牵头开展经验沉淀的具体工作。

指引 / 导则体系作机制

新津在“TOD+5G”未来公园社区“物理 + 数字”双开发探索实践的基础上，已完成了部分回顾总结与指引 / 导则的编制工作。未来，结合天府牧山数字微城的各类项目推进，主动、有序地开展经验沉淀工作并且不断完善与更新迭代，将逐步形成可服务于整个数字新城以及新津全域“公园城市 + 数字经济”建设的知识体系、业务体系、培训体系和标准规范。

名　称	备　注
《天府牧山 · 数实密码——“TOD+5G”未来公园社区“物理 + 数字”双开发实践》	经验总结 / 顶层设计类
……	
《天府牧山数字微城顶层设计规划》	数字开发顶层设计类
《天府牧山数字微城评价指标体系与建设标准》	数字开发顶层设计类
《天府牧山数字微城顶层设计可视化模型》	数字开发顶层设计类
……	
《新基建建设导则新津区城市信息模型 (CIM) 基础平台技术导则（试行）》	数字底座类
《新津区城市信息模型 (CIM) 平台物联数据接入与集成导则（试行）》	数字底座类
……	
《天府牧山数字微城智慧社区示范场景专项规划》	智慧场景类
《天府牧山数字微城智慧交通示范场景专项规划》	智慧场景类
《天府牧山数字微城智慧教育示范场景专项规划》	智慧场景类
《天府牧山数字微城智慧环保示范场景专项规划》	智慧场景类
《天府牧山数字微城智能医疗示范场景专项规划》	智慧场景类
《天府牧山数字微城智能市政示范场景专项规划》	智慧场景类
《天府牧山数字微城智能安防示范场景专项规划》	智慧场景类
……	

VOL.VI

DIGITAL & PHYSICAL

CODE OF

TIANFU MUSHAN

DEVELOPMENT

思考展望篇

REFLECTION AND PROSPECTION

过去四年，通过实施 TOD 营城以及“物理 + 数字”双开发，新津城市生长更加精明有序，新津站“TOD+5G”未来公园社区雏形初步呈现。未来五年，新津多重战略机遇叠加，公园城市示范区和智慧蓉城建设将成为新津最大机遇，发展动能更加强劲，位势能级更加凸显。

本篇主要总结“TOD+5G”未来公园社区“物理 + 数字”双开发探索实践的心得体会，以及立足新发展阶段、贯彻新发展理念、构建新发展格局，新津将如何在数智时代深入探索实践、数字赋能引育公园城市创新发展，打造新城市、新产业、新生活，迎接“成南新中新，数智公园城”崭新战略的到来。

7.1、Work Reflection of Xinjin "Park City+Digital Economy" 新津"公园城市＋数字经济"工作思考

7.1.1 "TOD+5G"未来公园社区工作思考

2018年7月区委十四届六次全会以来，新津立足建设践行新发展理念的公园城市，以精明增长为逻辑内涵进行全域"TOD+"布局，以产业功能区为载体规划建设公园社区，以数字经济为引擎打造公园城市创新场景，以人民的需求为出发点营造未来公园社区生活空间，经济社会发展呈现崭新局面。回顾过去四年的"TOD+5G"未来公园社区探索实践，有以下工作推进的体会和思考。

（1）抢抓历史机遇，保持战略定力。

2018年是成都全面实施TOD开发的元年，对于新津来说，无论是思想认识还是团队经验都是从零开始。新津迅速统一思想、抛弃"小我"，主动拥抱地铁时代，快速谋划部署了全域"TOD+"战略，积极推动TOD开发高标准起步、高质量开局。新津聚焦地铁10号线新津站打造"完美TOD"，新津站"TOD+5G"公园城市社区示范项目一举抓住新津撤县设区和地铁10号线建设的历史机遇，一炮打响。

2020年，新津迎来四大新机遇，一是成渝地区双城经济圈建设，二是成德眉资同城化，三是"两区一城"协同发展，四是成都获批国家新一代人工智能创新发展试验区。为抢抓这四大机遇，从新津站"TOD+5G"公园城市社区示范项目一期开工之日（2020年3月23日）起，新津就开始全面谋划和积极争取天府牧山数字新城。2021年4月，市委正式批复同意天府牧山数字新城纳入市级产业功能区管理，标志着新津产业功能区布局从"两园两区"优化调整为"一城两园一区"，开启了全域"人城产"融合发展之路。新津通过结合"TOD+5G"公园城市社区示范项目"物理＋数字"双开发实践，对天府牧山数字新城进行系统的战略研究、策划规划、片区设计和统筹提升，总结出TOD营城、智慧营城和生态营城三大营城策略。

2021年12月，国务院发布《"十四五"数字经济发展规划》；2022年1月，国务院批复同意成都建设践行新发展理念的公园城市示范区。新津同样没有辜负这次时代机遇，全域被纳入天府新区公园城市示范区范围，同时获批成都"智慧蓉城"建设的试点区县。眼下，新津正全面推进数字赋能引育公园城市创新发展，打造新城市、新产业、新生活，探索从数字化到数智化的经济社会发展范式新跃进。

新津曾经是四川省面积最小的县，后来成为成都最年轻的区，近年来能够较快发展，首先得益于成都在新一线城市中的亮眼表现，同时也是因为新津主动融入城市战略、寻求适合自身的发展路径，最终形成了机遇与战略相互赋能、螺旋上升、不断进阶的局面。

（2）注重源头策划，善用外脑智库。

相对于市级政府和市属国企，区县级城市的干部力量参差不齐且流动性较大，面对无论是"TOD+5G"还是"物理＋数字"双开发这些十分前沿的创新，能力相对欠缺。面对这种挑战，新津采取的重要对策之一便是聘请相关领域最权威、最具实操经验的专家作为顾问。顾问的首要任务是开展源头策划和顶层设计，在洞悉行业发展趋势的前提下确保新津的工作方向正确，建议实施推进路径；次要任务是要依靠顾问在其他城市和项目的实操经验，在新津的工作推进过程中预见问题并做好预案，从而降低试错成本。但即便如此，对于实实在在解决新津本地的问题以及探索创新而言，仅靠顾问的作用还未必足够。新津通过实践摸索出一套"泛甲方（政府部门＋区属国企＋专家智库＋本土支撑设计院）＋乙方（策划单位、城市设计单位、建筑设计单位）＋泛合作方（潜在合作伙伴、中标合作伙伴、数字经济生态合作伙伴等）"的工作机制和工作方法，获益匪浅。

从新津站TOD至天府牧山数字新城，新津聘请了TOD、产业、城市规划、数字微城等领域的国内顶尖专家作为甲方的

全流程顾问，联合中建西南院组建中建绿色田园院作为本地支撑设计院，成立数字经济研究院，聚焦政产学研金用资源整合与协同创新，为项目落地提供保障；具体策划及城市设计，则由国际顶级咨询公司担纲，确保方案的国际水准；此外，将招商运营需求前置，潜在合作伙伴提前介入前期研究。通过这样一套“组合拳”，不但加强了策划规划方案的落地性，也加速了新津自身干部团队和本土设计咨询团队的成长。

（3）围绕“以终为始”，倒推机制流程。

TOD 和“物理 + 数字”双开发相对于传统项目，最大挑战体现在跨主体、跨专业沟通协调要求高，探索创新不确定性大，整个工作过程缺乏明确及稳定的边界。新津在“公园城市 + 数字经济”的机制中，由区公园城市局统筹物理开发，牵头城市规划和城市建设的前期工作，具体负责组织开展和协调“城市策划 + 规划研究 + 建设导引 + 市政建设”，同时，负责组织编制新型城市基础设施建设导则，将数字开发落实到物理层面。由区数字经济中心统筹数字开发，牵头城市数字开发工作和城市智慧治理工作，具体负责统筹“城市数字底座建设 + 数字开发 + 数字经济培育”，同时，针对“数字基础设施”和“产业数字化”梳理机会清单，指导产业引育。上述机制，是通过新津站“TOD+5G”公园城市社区示范项目的“物理 + 数字”双开发探索，结合天府牧山数字新城的新发展要求，逐步摸索清晰的。对于这种边界条件不明确、不稳定的创新型工作，“以终为始”是至关重要的工作方法，主要包含两层含义：一是所有环节的工作须围绕最终目标来开展，二是当前环节的工作内容和深度须以满足下一环节的输入条件为要求量身定制。例如，成都要求 TOD 综合开发需要通过一体化城市设计来倒推控规指标，但城市设计任务书本身就包含大量需要通过研究和协调才能稳定的边界条件，因此，新津在 TOD 项目全生命周期中的第一个环节“顶层设计”中，专门增加了“前置研究”，前置研究的目的之一就是稳定城市设计的边界，是事半功倍之举。

（4）敢于探索创新，坚持项目为王。

从之前新津站“TOD+5G”公园城市社区示范项目的单点探索到目前天府牧山数字新城“物理 + 数字”双开发的全面推进，新津在思想认识层面一直敢于走前人没有走过的路、做前人没有做过的事、创前人没有创过的业，在创新实践层面，则一直坚持项目为王。一方面，天府牧山数字新城的发展与建设，离不开重大项目支撑和高能级、高品质的功能配套；另一方面，创新理念、创新场景、创新技术必须通过实际项目应用，才能得到检验和改进。对于“TOD+5G”公园城市社区示范项目的“物理 + 数字”双开发，新津在提出此理念后开展了大量研究和规划设计，在项目实践上则采取先把物理开发做实、数字开发循序渐进的稳妥策略，但坚持双开发总方针不动摇（例如，预设数字开发要求，“TOD+5G”公园城市社区的居住单元不允许毛坯房交房等）。

眼下，天府牧山数字新城以及核心区数字微城“物理 + 数字”双开发的发展目标、顶层设计、内容场景、建设和运营标准、实施推进路径以及产业引育措施等已基本清晰，新津正以重大项目为牵引，坚持重点盯着项目看、重点围着项目转、重点扭住项目干，着力引进一批能带动区域经济发展的产业化项目和提升区域品质的功能型项目，加快形成与天府牧山数字新城发展定位相匹配的产业能级、功能配套。聚焦重大项目招引，围绕数字经济产业建圈强链，开展专业招商、精准招商，加快引进一批龙头型、平台型、功能型项目。

（5）聚焦产业引育，构建平台生态。

我国的智慧城市建设仍处于起步阶段，尤其对于区县级城市而言，尚没有商业逻辑自洽的数字新城建设和运营模式出现。从新津站“TOD+5G”公园城市社区示范项目开始，新

津在与社会资本合作打造双开发产品时，一直在摸索可复制的模式，智在云辰和天府未来中心在智慧社区方面增加的投入也得到了市场的回馈。

新津在天府牧山数字新城的数字开发方面，将坚持平台思维、生态理念，设立区数字经济中心，组建区数科集团，成立数字经济研究院，促建数字经济产业联盟，打造数字经济“平台的平台”，为数字新城建设、数字经济发展提供技术支撑，筑牢数字底板，同步构建形成政府引导、企业参与、智库支撑的数字经济发展“微生态”。在产业导入方面，新津发起设立100亿元数字经济领域产业基金，探索物理空间与产业引育同步实施，定制化打造产业空间和生活空间，推动空间供需精准匹配、要素集约高效利用、区域价值整体提升，实现以城引产、以产聚人、以人兴城同步演进。在数字场景营造方面，新津坚持开放思维，始终秉持投资人眼光、合伙人精神，聚焦城市有机更新和产业功能区建设，营造初创型团队创新孵化、成长型企业转型壮大、头部企业快速聚集的机会场景和功能平台，为数字经济企业发展提供多元化场景，实现企业与城市同成长同进步，形成可向全国复制推广的数字新城双开发模式。

（6）加强干部培养，提升全链能力。

领导干部队伍素养是工作推进、接续奋斗的保障，尤其是对于数字新城“物理＋数字”双开发这样的创新事业，人的主观能动性、综合能力和专业知识更是成败关键。新津在推进“公园城市＋数字经济”工作的过程中，采取了多方面措施培养干部团队。首先，按照“一切有利于数字新城建设”的原则，从实际出发，大胆选拔任用干部，委以重任。其次，要求各岗位干部“下深水”，在与顾问、规划设计单位一起工作的过程中不仅要做好甲方，还要亲力亲为参与到策划规划甚至导则编制工作中。通过“与高手过招”及“On-job Training（以赛代训）”，干部团队的专业能力短时间内得到迅速提升。再次，加强干部轮岗，通过此举，一方面可以更好地考察干部，知人善任，更重要的是让干部具有不同条线/领域以及同一条线/领域上下游单位的工作经验和体会，这样才能提升个人综合能力，在今后的跨部门协调尤其是上下游工作传导时懂得“以终为始”倒提工作要求。最后，通过组织培训、参加论坛、调研考察等活动扩大干部团队视野、掌握行业动向。新津的专家顾问几乎都不止一次地为新津干部授课，新津也多次参加全国性行业论坛，同时还先后接待全国各省、市考察30余次，并经常组织针对对标项目和潜在合作伙伴的考察调研，提升了大家的专业水平和感性认知。通过上述举措，新津的干部队伍快速成长，不但夯实了“公园城市＋数字经济”工作推进中最核心的“人”的基础，还先后为市和兄弟区县输送了10多名领导干部。

7.1.2 政府推进数字化转型思考

在探索实践过程中，面对全域数字化转型的需求，新津始终感到必须同步推进顶层设计、协同推进机制、业务板块设置等方面的探索，改变政府侧的支撑体系和供给方式，才能提高数字经济与实体产业有效融合、全域数字化转型的效率和能力。

在行政体制方面：建立“物理 + 数字”双开发体制机制，推进物理城市与数字城市同步规划、同步设计、同步建设、同步运营。

在物理开发上：建立公园城市领导小组，组建公园城市规划设计研究机构，构建城市策划、规划、建设、运营全周期工作机制。

在数字开发上：设立数字经济领导小组，健全数据共享交换机制、场景策划协同机制、产业生态培育机制、专家智库指导机制，形成支撑数字赋能的技术体系、生态体系、市场体系。

在政策体系方面：出台《数字赋能实体产业高质量发展支持政策》《数字经济青年人才发展十条政策》《支持智能科技产业发展政策》，着力构建“中台 + 基地 + 研究院 + 基金”产业引育体系，联合在蓉在津高校、行业企业发展数字化设计、数字化建设、数字化运营等产教融合业态。

在产业生态方面：构建数字经济发展“微生态”，以平台思维、生态圈理念，组建数字科技产业发展集团，建设数字经济产业园、数字经济企业总部商务区等产业载体，借力中国信息通信研究院、中国城市科学研究会等智库资源，链接北京中关村东升科技园、深圳深创谷等创新平台，联合联通数字科技有限公司、华为技术有限公司联创中心等生态企业，加快推动数字产业化、产业数字化发展。

在合作共建方面：设立数字经济研究院，以系统化逻辑推动制度创新、流程再造和规则重构，探索编制双开发导则，开展研究咨询和标准研拟，培养适应数字化转型的政府、企业人才队伍。通过数字经济中心、数科集团，链接数字经济平台机构和链主企业、链属企业等资源，引导市场主体参与数字孪生城市建设。

数字新城核心区城市设计效果图

7.2 Prospection of Xinjin "Park City+Digital Economy" 新津"公园城市+数字经济"展望

7.2.1 天府牧山数字新城展望

党的十九届五中全会和国家"十四五"规划提出，要推动数字经济和实体经济深度融合，加快构建以国内大循环为主体、国内国际双循环相互促进的新发展格局。成都"十四五"规划明确提出要大力发展数字经济。天府牧山数字新城是新津主动融入"智慧蓉城"建设的最重要举措之一，是新津发展数字经济的主要空间场域，将聚力发展以数字化跨界整合为模式的新城市、新产业、新人才，推动数字经济全方位赋能实体产业。

天府牧山数字新城 6 km^2 的核心区，将打造成为物理空间协同驱动、数字空间牵引赋能的"TOD+5G"未来公园社区和"数字微城"全国试点示范，按照虚实共进、协同强优、重点突破、整体成势的发展要求，构建"核心驱动、数字联动、协同承载"的高维度、高能级发展格局，以数字经济为引擎，承接外溢协同发展，重点发展数字新基建和数字内容两大产业，以数字经济赋能推进区域产业发展，积极探索空间打造与产业引育的双重开发运营模式。

在数字新城核心起步区的数字微城，新津正在加快形成"一份产业图谱、一个品牌盛会、一支产业基金、一批研究院所、一批领军人才、一份技术攻关清单、一份企业配套清单、一套专项政策"的工作机制，奋力构筑产业创新生态系统。目前，数字微城已经成为一个数字经济产业和人口加速汇聚的区域，聚集数字经济企业 30 余家。2021 年新增置业群体 94% 为非新津本地人口，以 26~46 岁的年轻人为主，动机比例最高的就是智慧社区，占比达 29%。此外，该区域新增置业群体中，来自成都高新区、天府新区的比例达 18.75%，这两个区域是成都数字经济、人工智能、大数据产业发展最好的区域，说明新津已与成都高新区、天府新区形成联动发展关系。根据成都轨道集团提供的数据，地铁 10 号线新津站 2021 年的客流量相对 2020 年增长了 58.82%，是新津客流增长最快的站点，也印证了 TOD 片区的快速成长。天府牧山数字微城的落地效果初步呈现，推进路径日渐清晰，产业、人口聚集态势明显，发展已经进入快车道。"成渝数字经济新名片、全国数字微城新示范"未来可期！

7.2.2 新津全域“公园城市 + 数字经济”展望

“数字中国”，推动数字化、网络化、智能化向更广领域、更高质量、更深层次发展。“以县城为重要载体的城镇化”，让中小城市迎来补强短板、缩小差距的良机。这两个国家层面的取向，产生了“数字县域”这一重要交集，促使“县域为整体单元的数字化”成为中小城市重组要素资源、重塑经济结构、改变竞争格局的优选项。

在此背景下，新津提出了关于“培育数字经济新引擎、共建公园城市新生态”的构想。一是数实融合。深入推进数字经济与实体经济深度融合，发挥信息技术在产业数字化、智能化、绿色化转型中的赋能引领作用，找准数字产业新空间，激发传统产业新活力，促进效率提升和价值倍增。二是产业共生。探索推动数字化产业与数字化应用场景协同共生，强化企业创新主体和城市数字化转型共创共建地位，充分发挥数据作为关键生产要素的重要作用，构建政企联动、场景带动、数据驱动的良好生态。三是守正创新。在处理好数据安全和产业发展的关系的基础上，本着鼓励创新、包容审慎的原则，建立与数实融合发展相适应的体制机制，不断激发各类主体活力，营造有利于新城市、新产业、新模式发展壮大的良好环境。

1. 深化城市数字孪生

构建实时感知、全域覆盖的城市运行生命体征体系，做强云网融合、智能敏捷的“城市数据大脑”，构建绿色生态、宜居生活、宜业环境、现代治理等智慧应用场景体系，提升数据归集整合、深度利用、安全保护水平。在新型基础设施建设、数字城市底座建设、数字经济产城融合等领域，开放数字城市、数字产业和数字场景机会，联合数字产业化和产业数字化企业共同开展试点探索，赋能城市核心功能、特色功能、基本功能。

2. 提升智慧治理能力

以智慧治理为牵引，推进城市分布式算力建设，提升数据治理能力，全量全要素归集多维公共数据，建好用好城市生命体征指标体系，积极推动线上线下高效协同、联勤联动，不断提升公共服务、公共安全、公共管理能力，让城市运转更聪明、更智慧。

3. 培育数字经济产业

大力推动数字产业化、产业数字化发展，促进数字经济与实体经济深度融合，巩固提升高端软件、网络安全、云计算等产业优势，推动企业“上云用数赋智”，培育发展数据、算力、算法、应用资源协同的产业生态，大力发展数字基建、数字建造、数字内容等产业，与国家级新区联动推进传统制造业转型升级。

4. 开展数字乡村建设

弥合城乡“数字鸿沟”，引导城市网络、信息、技术和人才等资源向乡村流动，充分发挥网络、数据、技术和知识等新要素的作用，建立与乡村人口知识结构相匹配的数字乡村发展模式，通过“一二三产业融合 + 互联网”，发展以乡村为场景的新乡村产业，激活主体、激活要素、激活市场。

新津区风貌

7.3 Development Opportunities of "TOD+Digital Intelligence Era" "TOD+ 数智时代"发展机遇

7.3.1 中国区县级城市 TOD 发展机遇

城际高速铁路和城市轨道交通是我国新基建涵盖的七大领域之一，多年来一直持续高速发展。2022 年 4 月 26 日，习近平总书记主持召开的中央财经委员会第十一次会议强调“全面加强基础设施建设构建现代化基础设施体系，为全面建设社会主义现代化国家打下坚实基础”，会议指出，要加强城市基础设施建设，打造高品质生活空间，推进城市群交通一体化，建设便捷高效的城际铁路网，发展市域（郊）铁路和城市轨道交通。2022 年 5 月初，中共中央办公厅、国务院办公厅印发了《关于推进以县城为重要载体的城镇化建设的意见》，其中专门提到“提高县城与周边大中城市互联互通水平，扩大干线铁路、高速公路、国省干线公路等覆盖面”“引导有条件的大城市轨道交通适当向周边县城延伸”以及“完善公路客运站服务功能，加强公路客运站土地综合开发利用”。这些新近出台的政策清楚地表明：我国的城际铁路、市域（郊）铁路和城市轨道交通仍将继续快速发展，通过城轨延伸线或市域（郊）铁路带动城市外围区县发展的需求越来越多，围绕公路客运站和城市公交场站的土地综合开发也会越来越多。

从 TOD 综合开发操盘模式来看，中国早期的 TOD 探索实践主要聚焦在与轨道设施强相关土地的复合利用（例如场段上盖开发），操盘主体主要是轨道集团，开发目的主要是通过 TOD 开发收益来反哺轨道交通建设运营资金缺口。现阶段，以成都为代表的城市把 TOD 从投融资压力倒逼的被动举措上升为主动通过 TOD 战略实现城市高质量发展的主动作为，各个城市几乎所有的轨道交通站点都会考虑 TOD，与轨道设施弱相关的地块由区县操盘 TOD 综合开发，以及与轨道设施强相关的地块结合白地由市、区合作开发已成为主流模式。

在上述背景下，我国的城市外围区县 TOD 发展迎来巨大机遇，但同时也面临着总体人口和经济增速下行的严峻挑战，须慎重决策发展什么样的 TOD、以何种方式发展 TOD。

7.3.2 数智时代 TOD 发展趋势

在世界政治经济格局动荡加剧的大背景下，中国城市发展面临诸多挑战，但数字化和数智化也带来历史性的发展机遇。目前中国城市在低碳智能出行、以人工智能实现城市运营自动化、利用人工智能实时监控和警务预测等领域的渗透率已趋于全球领先水平。数智时代的最大特征是人类生存环境发生了巨大的变化，生存环境从单一物理空间进化到了物理空间和数字空间并存的“双空间”生存环境。在数智时代，万事万物都将数字化，并实现万物互联，个体成为万物互联的节点。放眼全世界，中国提出的人类命运共同体发展理念与数智时代更加适配，民主集中的制度优势非常有利于更高效地建设数字空间，中国推进数智化的速度将远远快于个体至上的西方社会。

根据《中国城市轨道交通 TOD 发展概览（2010—2020）》，中国（港澳台除外）近 30 年的 TOD 发展经历了四个阶段：

TOD1.0——单点项目层面的轨道富余空间利用 +TAD（Transit Adjacent Development，轨道相邻地块开发）；

TOD2.0——单点项目层面的“DOT+TOD”整合规划设计与土地复合利用；

TOD3.0——轨道全线 / 网络层面的“T+TOD”投融资模式（通过 TOD 开发促进轨道交通建设运营财务平衡）；

TOD4.0——城市层面的 TOD 城市战略，以 TOD 促进城市高质量发展。

在数智时代，“TOD+ 数智公园城市”当成为中国 TOD5.0 版本发展范式。在这个范式下，首先，“TOD+”的“+”应该从把 TOD 综合开发与某种产业、资源禀赋或发展方向（例如 EOD）进行叠加的动词，变成一个以 TOD 场所承载各种生产生活场景、“人、产、科、场、城”等各种要素集聚的指代符号，每一个“TOD+”片区都应该成为一个功能复合、智慧多元的数字微城或智慧社区；其次，在人口和经济增速下行、老龄化日趋严重的形势下，新的 TOD 片区开发一定要从房地产导向转变为以产业功能区为导向实施城市片区综合开发，通过“物理 + 数字”双开发同步推进数字基础设施建设、产业数字化和数字产业化，加快数字经济产业生态圈构建；最后，坚持“一个 TOD 综合开发项目就是一个美丽宜居未来公园社区”，以优质的生态、生活环境吸引年轻高知及其家庭，打造全龄友好环境，夯实以“人城产”逻辑进行发展的基础。

7.4 Invitation to Xinjin in Digital Intelligence Era 数智时代的新津邀约

7.4.1 “数实融合”新取向

新津通过 5 年多的探索实践，围绕以“精明增长”为逻辑内涵、以“物理 + 数字”双开发模式所打造的“TOD+5G”公园城市社区，已成为 TOD5.0——“TOD+ 数智公园城市”的原型（Prototype），从 6 km² 的试点示范区域升级成为约 50 km² 的天府数智活力区，并且成为成都蓉南新兴产业带的支撑组团。

天府数智活力区规划了“一城一带一湾”空间格局。“一城”即天府牧山数智微城，重点发展数字基建、数字建造、数字内容等产业，导入新兴产业及人口；“一带”即杨柳河产教融合带，串联高校创新创业资源，联通数字经济和智能制造两大产业板块，促进产学研用协同创新；“一湾”即天府新津数智湾，围绕“智能制造 + 工业互联”，重点发展轨道交通、智能装备、新能源汽车及储能等产业。

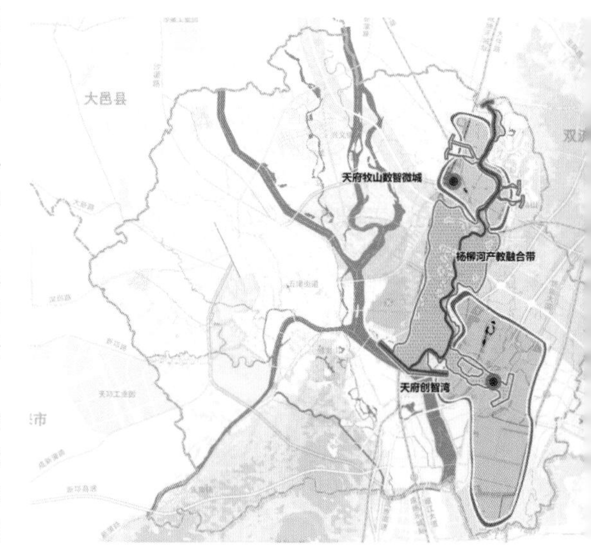

在制度创新方面，成立公园城市建设领导小组，创新组建公园城市建设局、公园城市建设发展中心、中建绿色田园规划设计研究院，整合国有公司重组形成城市产业发展集团、文旅集团，支撑公园城市建设；成立数字经济领导小组，组建智慧治理

中心、数字经济中心、融媒体中心、工业互联网发展中心、文化创意发展中心、乡村振兴研究院等以数实融合发展为重要职能的政府机构，同时，还创新组建新津数科集团、云津智慧科技、数字经济研究院等数字经济市场化主体，引导传统政府机构与生态企业发生更紧密的关系，推动传统政府机构和体制机制主动适应数实融合发展趋势。

7.4.2 共创中小城市数字化转型邀约

数字经济引领的科技创新，正在重塑社会结构、重构经济版图，已经成为经济高质量发展、城市高品质建设的动力引擎。2023 年 2 月，中共中央、国务院印发的《数字中国建设整体布局规划》指出，要夯实数字中国建设基础、全面赋能经济社会发展、强化数字中国关键能力、优化数字化发展环境，要统筹开展数字中国建设综合试点工作，综合集成推进改革试验。近年来，新津以城乡全域为整体单元推动数实融合发展，通过政企多元协同创新的方式，创造并开放城市和产业场景机会，这与数字中国战略高度契合。

2023 年 3 月，新津发布“数字县域 · 未来场景试验区”，以 330 km^2 全域为底板，全面开放数字县域 · 未来场景机会，开展政产学研金用协同创新。通过“一个创新试验区 + 四类创新场景 + 三大支撑体系”，推动数字经济与实体经济深度融合，探索中小城市数字化转型路径，打造“数字县域”全国样板。新津的创新实践，就是要着力形成一套完整的中小城市数字化转型探索，达到全域数字化转型的目标，为城市和产业转型发展走出一条更高质量、更加智慧、更可持续的新路子，建设数字赋能公园城市创新发展典范区。

在这场以数字经济重置城市发展底层逻辑的变革中，蕴藏着全新的商业逻辑和市场机遇。对此，新津将始终把数实融合作为城市数字经济发展的主线，持续创新数字营城模式、共建产业互联生态，推动数字经济全方位赋能新城市、新智造、新乡村，构建支撑公园城市高质量发展的现代产业体系，加快建设创新活力新区、高质产业新区、宜居宜业新区。

5G 时代是万物互联的时代，是一切业务数据化、一切数据业务化的时代。当下我们面临很多的不确定，但数字化发展趋势是最大的确定，每家企业、每个行业、每座城市都要思考如何在数字化这个最大确定中寻找机遇，思考如何进行数字化转型，未来都有机会成为数据驱动的智能体。新津已经发出邀约：在这里可以为数字经济赋能实体产业提供“从三次产业到城市运行”的多维机会场景，为广大企业发展数字经济提供“从体制机制到服务体系”的综合改革支撑，为数字领域商业模式重构提供“从实验试点到复制推广”的协同创新环境。

面对数字中国建设的历史机遇，新津希望构建数智赋能、数实融合的“朋友圈”，与广大志同道合的朋友们，一起开辟新赛场、培育新赛手、跑出新赛道，在中小城市数字化转型的时代机遇中，实现共识、共创、共赢、共享！

参考文献

[1] 成都市 TOD 综合开发考察团 . 关于赴京东、大阪考察 TOD 综合开发情况的报告 [R] . 成都：2018.

[2] 新津区政府 . 成都地铁 10 号线二期（新津段）建设及 TOD 综合开发回顾与展望 [R] . 成都：2020.

[3] 成都市规划和自然资源局、成都轨道交通集团有限公司 . 成都市轨道交通 TOD 综合开发战略规划 [R] . 成都：2020.

[4] 中国城市轨道交通协会资源经营专业委员会 . 中国城市轨道交通 TOD 发展概览（2010—2020）[R] . 北京：2021.

[5] 胡庆汉 . 坚定 TOD 开发策略创新，奋力营造新时代轨道城市 ——在城市轨道交通 TOD 综合开发高层论坛上的主旨演讲 [R] . 成都：2021.

[6] 唐华 . 在天府牧山数字新城建设动员大会上的讲话 [R] . 新津：2021.

[7] 唐华 . 成都市新津区数字赋能实体产业的探索与实践 [R] . 新津：2021.

[8] 唐华 . 坚定践行新发展理念聚力推动高质量发展，为建设“成南新中心、创新公园城”而接续奋斗——在中国共产党成都市新津区第十五次代表大会上的报告 [R] . 新津：2021.

[9] 四川（成都）两院院士咨询服务中心 . 天府牧山数字新城推动数字经济高质量发展研究 [R] . 新津：2022.

[10] 唐华 . 培育数字经济新引擎 共建公园城市新生态 [R] . 新津：2022.

[11] 广联达 . 新基建建设导则新津区城市信息模型 (CIM) 基础平台技术导则 _V1.0（试行）[R] . 新津：2022.

[12] 中国城市科学研究会智慧城市联合实验室、中城智慧（北京）城市规划设计研究院有限公司 . 天府牧山数字微城顶层设计规划 [R] . 新津：2022.

[13] 唐华 . 中小城市如何抓住数字时代发展机遇——来自成都新津全域数字化转型的案例观察 [R] . 新津：2022.

CHINA TIANFU MUSHAN

图片来源

P002　TOD 初始概念示意
Peter Calthorpe: *The Next American Metropolis: Ecology, Community, and the American Dream*，1993，p56。

P003　美国 TOD 案例：维吉尼亚州阿灵顿 TOD
www.wikipedia.org

P004　日本 TOD 案例：东京涩谷 TOD 项目
https://gs.ctrip.com/html5/you/travels/aichiken295/2609403.html

P005　新加坡 TOD 案例：裕廊东站 TOD 项目
https://www.sohu.com/a/485698504_121123914

P006　摄图网：https://699pic.com/tupian-504742392.html

P007　香港“轨道 + 物业”综合开发示意
https://www.unescap.org/sites/default/d8files/1b.4_TOD%26ValueCapture_Hong%20Kong_HungWingTat.pdf

P008　国家发展改革委“城市轨道交通投融资机制创新研讨会”
https://www.sohu.com/a/114307053_355718

P010　成都夜景
摄图网：https://699pic.com/tupian-501619012.html

P011　成都轨道 TOD 地图
https://www.chengdurail.com/stroke/Inquire.html#anchor3

P012　成都首届 TOD 发展论坛及城市轨道交通 TOD 综合开发高层论坛现场
https://www.chengdurail.com/sw_detail/7797.html

P014　TOD 智慧城市：柏叶新城
https://www.kashiwanoha-smartcity.com/

P016　榜鹅数码园区“四区融合”效果图
https://www.group-ib.com/media-center/press-releases/gib-pdd/

P019　新津区委宣传部

P020-021　跨页图
http://www.pinlue.com/article/2018/11/1421/277520044153.html

P024-025　跨页图：新津区委宣传部

P028　天府立交桥夜景
摄图网：https://699pic.com/tupian-500717046.html

P031　公园城市 TOD 发展概念：新津区委宣传部

P032　九驾车 TOD 一体化设计效果图
https://www.tektonn.com/520/1930/13603

P034　三岔站 TOD 建设效果图
成都商报红星新闻：https://new.qq.com/omn/author/8QMW235U5YQeuzo%3D

P035　天府站效果图：成自铁路有限责任公司

P037　“超级绿叶”——公园城市的新津表达（生命共同体）：新津区委宣传部

P038-039　跨页图：新津区委宣传部

P040　新津区委宣传部

P042　“TOD+”发展模式
麦肯锡、AECOM、天能集团联合报告《城轨地区及低碳新能源经济互动发展模式——引领天府新区可持续发展》

P043　新津区风貌：新津区委宣传部

P045　新津区风貌：新津区委宣传部

P050　新津区风貌：新津区委宣传部

P056　新津区委宣传部

P060　成都轨道集团
https://www.chengdurail.com/index_sw.html

P062-063　跨页图：新津区委宣传部

P066　天府牧山数字新城 5G 智慧场景效果图：新津区委宣传部

P090　新津区委宣传部

P097　天府未来中心实景：新津区委宣传部提供

P129　新津区风貌：新津区委宣传部

P132-133　跨页图：新津区委宣传部

致谢

从 2018 年 6 月承担新津 TOD 顾问工作起，5 年弹指一挥间。这期间，我有幸全过程参与、见证了新津站 TOD 片区在 3 年不到的时间里从一片农田到核心区高楼林立成型成势，新津城市建设从新津站首期“TOD+5G”公园城市社区示范项目探索到新津全域“公园城市 + 数字经济”全面开花实践，新津干部团队从擅长过程导向的行政管理蝶变为擅长整合与创新、结果导向的双开发专家，尤其是新津城市面貌和新、老新津人精气神肉眼可见的变化，真是感慨万千！

此次作为本书主编，十分庆幸与惶恐。TOD 知易行难，庆幸的是能够有机会与新津一道从整体顶层设计、蓝图绘制到具体项目招商、建设、运营，尤其是能全过程深入了解区县政府的运作，于我而言是十分难得的学习机会。惶恐的是，本书的大部分内容都是参与新津“TOD+5G”双开发项目各方的经验总结，是集体共创的成果和集体智慧的结晶，本人独自署名主编受之有愧。

衷心感谢新津区委书记唐华同志！体制机制是推动 TOD 开发的第一生产力，而地方主官则是体制机制的第一驱动力。唐书记在推动新津“公园城市 + 数字经济”发展过程中的战略远见、创新意识、定力能力以及勤勉刻苦，令所有与之合作过的人由衷钦佩，本书诸多内容和金句也来自唐书记在这 5 年中对 TOD 开发和城市数字化转型的思考。

衷心感谢新津前人大常委会主任、地铁和 TOD 指挥部指挥长孙英元同志！孙主任是地铁 10 号线新津段建设的功臣，在新津启动 TOD 工作后，孙主任砥砺前行，全身心投入纷繁复杂的协调推进，确保工作稳步有序开展。对于本书编写，孙主任也提供了悉心指导。

感谢新津区委区政府、天府牧山数字新城管委会、新津新经济和科技局、公园城市建设管理局、智慧治理中心、数字经济中心、城市产业发展集团、数字科技产业发展集团以及联通、华为、龙湖龙智造、广联达、云天励飞、云津智慧等新津数字经济生态企业，他们作为“物理 + 数字”双开发的践行者，既掌握第一手经验和资料，更善于归纳总结，对本书编写给予了大力支持。

最后，感谢我们 TOD 研究中心正在和曾经参与新津项目的团队成员，主要有：毛华峰、蓝天、王飞、徐绍辉、刘言凯、万睿欣、童志远、杨竣杰、刘岚岚。

TOD 与数字经济，是我国新一轮城市竞争的两大新赛道。本书初稿完成于 2022 年 9 月，此次修编完善，发现新津“TOD+5G”双开发探索实践，尤其是数字开发，在不到一年的时间里又有很多新的内容可以充实，未来也有更多新思路、新场景、新经验和新模式值得总结。再次感谢所有参与和关注新津“TOD+5G”发展的同仁，祝福新津“公园城市 + 数字经济”的数字县域探索乘风破浪、一日千里！

2023 年 8 月

图书在版编目（CIP）数据

天府牧山·数实密码 ：“TOD+5G”未来公园社区“物理+数字”双开发实践 / 数字经济研究院，中建绿色田园规划设计研究院著. -- 上海 ：同济大学出版社，2023.10

ISBN 978-7-5765-0940-3

Ⅰ. ①天… Ⅱ. ①数… ②中… Ⅲ. ①智慧城市-城市规划-研究-成都 Ⅳ. ①TU984

中国国家版本馆CIP数据核字(2023)第188541号

云津智慧科技有限公司

成都新津数字科技产业发展集团有限公司

成都中建绿色田园规划设计研究院有限公司

天府牧山·数实密码：
“TOD+5G”未来公园社区“物理+数字”双开发实践

数字经济研究院　中建绿色田园规划设计研究院　著

责任编辑　胡晗欣
责任校对　徐逢乔
封面设计　王　翔
出版发行　同济大学出版社 www.tongjipress.com.cn
（地址：上海市四平路1239号　邮编：200092　电话：021-65985622）
经　　销　全国各地新华书店
印　　刷　上海安枫印务有限公司
开　　本　787 mm × 1092 mm　1/16
印　　张　9.5
字　　数　237 000
版　　次　2023年10月第1版
印　　次　2023年10月第1次印刷
书　　号　ISBN 978-7-5765-0940-3

定　　价　128.00 元